辽宁科技大学学术专著出版基金资助出版

节理岩体采动损伤与稳定

常来山 著

U0315840

北 京
冶金工业出版社
2014

内 容 提 要

　　本书系统总结了作者近十年的研究成果，针对目前露天矿节理岩体边坡的稳定性工程评价中存在的岩性参数不考虑时空效应的不足，通过引入岩石损伤力学、断裂力学、数值模拟等理论和技术，以鞍钢眼前山铁矿南帮节理岩体边坡为工程实例，系统探讨了岩体采动损伤演化规律，以及稳定性、可靠性因采场下降、卸荷损伤而呈现的动态变化规律，并进一步应用到露井联采边坡的稳定性评价中。

　　本书可供采矿、路桥、坝工等工程领域从事岩体开挖的研究、设计、生产的技术人员参考。

图书在版编目（CIP）数据

　　节理岩体采动损伤与稳定/常来山著．—北京：冶金工业出版社，2014.10
　　ISBN 978-7-5024-6735-7

　　Ⅰ．①节…　Ⅱ．①常…　Ⅲ．①节理岩体—采动—边坡稳定性—稳定分析　Ⅳ．①P583

　　中国版本图书馆 CIP 数据核字（2014）第 208796 号

出 版 人　谭学余
地　　址　北京市东城区嵩祝院北巷 39 号　邮编　100009　电话　(010)64027926
网　　址　www.cnmip.com.cn　电子信箱　yjcbs@cnmip.com.cn
责任编辑　宋　良　美术编辑　吕欣童　版式设计　孙跃红
责任校对　李　娜　责任印制　李玉山
ISBN 978-7-5024-6735-7
冶金工业出版社出版发行；各地新华书店经销；三河市双峰印刷装订有限公司印刷
2014 年 10 月第 1 版，2014 年 10 月第 1 次印刷
148mm×210mm；5.125 印张；149 千字；153 页
28.00 元

冶金工业出版社　投稿电话　(010)64027932　投稿信箱　tougao@cnmip.com.cn
冶金工业出版社营销中心　电话　(010)64044283　传真　(010)64027893
冶金书店　地址　北京市东四西大街 46 号(100010)　电话　(010)65289081(兼传真)
冶金工业出版社天猫旗舰店　yjgy.tmall.com
　　　　　　　　　　　（本书如有印装质量问题，本社营销中心负责退换）

前　　言

　　大型深凹露天矿山生产的关键技术难题是高陡边坡的稳定性评价与控制，总体边坡角的陡缓1°之差，关系到数亿元剥弃岩石费用，同时也关系到边坡稳定或失稳的安全风险，严重者可致露天矿提前闭坑。目前边坡稳定性定量分析所用的方法主要是数值模拟和极限平衡计算，随着计算机技术、岩土分析技术的迅速发展和大量岩土工程软件的出现，其模拟分析与计算技术取得重大进展，从而使工程稳定分析的正确性更多地取决于岩体力学参数的合理性。

　　对于露天矿节理岩体边坡的稳定性分析，目前通常的做法是：根据现场节理发育程度和岩石室内实验结果，按照经验强度准则确定边坡岩体的力学参数，对同一岩性赋予相同的力学参数，进行稳定性计算并做出评价。这种做法与工程实际不尽相符，存在重大缺陷。极限平衡优化搜索确定的危险滑面既高又深，边坡高度是关键因素，且对内摩擦角的取值非常敏感；而通常的矿山边坡岩体，在无大型结构面控制的条件下，其变形破坏大多仅涉及数个台阶的几十米高度范围内，而力学参数中则对黏聚力较为灵敏。现有分析方法出现这一不足的实质，是计算中未考虑到岩体因采动损伤而导致的力学参数的时空效应，边坡面附近的岩体受开挖爆破、采动卸荷影响较大，次生卸荷、爆破结构面发育，岩体破碎，且伴随采场向下延伸而更趋严重。

岩体是含有断层、节理、层理、片理、微裂隙、晶格缺陷等形态各异、尺寸悬殊的结构面的多裂隙复杂介质。岩体中的节理通常由多次构造运动形成，具有明显的成组性，多组优势节理必然导致岩体力学参数的各向异性。同时，岩体也是伴随着开挖施工，特别是矿山几十年服务期内的采矿爆破生产而质量逐渐劣化的工程岩体，岩体内各点的次生应力场频繁变化调整，卸荷裂隙的产生及原生裂隙的扩展会导致节理裂隙分布规律发生变化，进而表现为强度的非均匀性。伴随着矿山生产开挖及次生应力场的调整，岩体中的节理裂隙可能进一步扩展，导致岩体损伤的增加。开挖扰动对岩体的影响不仅表现为在空间上是变化的，距开挖区越近，岩体的损伤越大，强度越低；而且随着露天采场的下降，岩体的强度进一步降低，具有卸荷意义上的时间效应，是一个不可逆的过程。因此，在岩体边坡稳定性分析中，考虑到多裂隙岩体力学参数的这种时间和空间效应，探讨一条合理解决问题的途径，无疑具有重要的理论价值和实际意义。

本书系根据多年科研工作成果总结编写而成，介绍了系统开发的相应计算分析程序，特点是：以损伤力学基础理论为主线，以解决工程实际问题为目标；系统探讨了考虑岩体因采动损伤而导致的强度空间变异性、时效性和各向异性的稳定性评价问题，论点新颖且贴近客观实际。

十余年的研究过程中，得到了中国矿业大学（北京）

王家臣教授的辛勤指导和煤炭科学研究总院李绍臣博士的大力协助，以及辽宁科技大学同仁和国内众多专家的亲切关怀与大力支持，在此表示衷心感谢。

　　本书的研究还较肤浅，作者水平所限，书中难免存在谬误和不当之处，敬请读者批评指正。

常来山

2014 年 8 月于辽宁鞍山

目　　录

1 绪 论

采矿业是提供原料和能源的工程领域，是国民经济的基础。我国冶金矿山80%的矿石量来自于露天开采。露天矿山对我国钢铁工业的可持续发展具有特殊重要的意义。我国大多数大中型露天矿山已由山坡转入深凹露天开采，其最终将形成垂高400~700m的高陡边坡；国外也有很多类似的实例，加拿大 Carlo Lake 铁矿和 Mont Wright 铁矿的最终采深将达到400m，南非 Palabora 铜矿将达836m，智利 Chuquicamata W. W. 铜矿将达1000m。随着露天矿开采深度的增加，其边坡逐渐增高加陡，影响安全稳定的因素增多，边坡岩体的变形破坏机制更加复杂，高陡边坡稳定性的控制与维护的技术难度也越来越大，已成为露天矿深部开采的重大难题。

边坡工程是人类生产建设工程中古老而又常新的课题，并一直是采矿工程、岩土工程、地质工程、工程力学等学科的重要课题之一。近二十余年来，我国在水利、铁路、公路、矿山等方面进行了大量的边坡稳定性研究，在工程实践和基础理论方面均取得了一系列的成果。随着我国现代化建设事业的迅速发展，大型露天矿、水利工程等岩体开挖工程的建设项目将不断涌现，在复杂地质环境条件下人为开挖的各种高陡边坡将日益增多，因此，深入研究和探讨边坡稳定性的评价问题，非常迫切和必要，并可创造巨大的社会效益和经济效益。

露天矿边坡工程问题与矿山生产的企业效益息息相关，尽可能加陡露天矿固定帮边坡角，最大限度减小剥岩量或增加采出矿石量，是采矿设计面对的关键技术问题。露天矿加陡固定帮边坡角可获取巨大的经济效益，但以增大边坡的滑坡风险为代价，边坡安全与矿山效益是一对自始至终伴随露天矿生产的矛盾。如何评价和预测矿山岩体边坡的稳定性及采取相应的工程治理措施，确保矿山高效开采，是岩体工程界必须解决的重要课题。对于一个大型露天矿山，最终边坡角增加1°，即可获得亿元级的经济效益，这一点已得到业界的共识。鞍钢眼前山铁矿自 1986 年开始，从一期境界向二期境界过渡，至 1991 年，因种种原因仅上盘落采岩石已达 1500 万吨，按设计扩帮方案的速度开采下延，已无法与一期开采境界相衔接。即便大幅增加设备投入，采场也无摆设的空间，矿山面临停产过渡的困境。鞍钢矿山公司于 1994 年开始研究实施加陡固定帮边坡角的开采方案，总体边坡角提高 1°～3°，仅减少剥岩量一项即可获经济效益 2.58 亿元，从采矿生产的角度看解决了稳产过渡的难题，但边坡的破坏问题一直困扰着矿山的安全生产[1]。

岩体边坡是含有大量裂隙的三维损伤体，在边坡的动态开挖及后续的使用过程中，随着外载条件的变化，边坡高度逐渐增大，边坡应力状态发生变化，边坡体中的裂隙要发生扩展、交汇，或产生新的裂隙，劣化了岩体的力学性质，造成边坡体的进一步损伤。由于岩体的强度和内部裂隙分布等在空间上均具有随机性，其损伤是一种概率损伤，因此对岩体边坡的可靠性进行评价时，必须将边坡岩体的概率损伤和演化与可靠性研究联系在一起，这就归结为岩体边坡的概率损伤与动态可靠性分析问题。

露天矿边坡岩体稳定性研究中，既要重视岩块力学强度的随机性，更需重视露天矿边坡岩体随采矿开挖的卸荷效应和随机分布的节理裂隙的概率损伤及演化，建立相应的动态可靠性评价模型，以真实地反映岩体边坡在露天矿不同开采深度下的可靠状态。

2 节理聚类与统计

岩体由岩块和结构面组成，岩体强度和工程稳定状态一方面取决于岩块强度和特性，另一方面，更重要的是取决于岩体内地质结构面和优势结构面的规模和分布状态。岩体中存在的大量不同成因、不同特性的结构面，由于经受过多次构造运动，使得结构面呈现出既有规律又极为复杂的分布状态。岩体结构面的产状、规模、密度、形态及其组合关系，控制着岩质边坡的稳定性、破坏模式和破坏程度。因此，对岩体中的结构面参数进行实地测量和统计分析，以期获得结构面特征及其组合分布规律，是进行岩体工程稳定性分析和计算的基础。

2.1 露天矿边坡工程特点

露天矿边坡工程与水利、铁路、公路等岩石开挖工程所形成的高陡边坡相比，具有如下特点[2]。

A 露天矿边坡工程赋存条件的无选择性

露天矿只能在既定的工程地质环境条件中进行开挖，这是矿山地质工程有别于其他地质工程的最突出的特点。水电坝址、隧道开挖等其他地质工程可以选线或选址，而露天矿则必须依矿体赋存条件进行开采施工，形成的边坡高度从几十米到几百米，走向长从几百米到数千米，揭露的岩层多，地质条件差异大，变化复杂。

B 露天矿边坡工程的时效性

露天矿最终边坡是由上至下随采矿生产而逐步形成，是一个漫长的过程，矿山上部边坡服务年限可达几十年，下部边坡服务年限则较短，采场边坡在采矿结束时即可废止，因此上下部边坡的稳定性要求也不相同。

C 露天矿边坡允许一定变形和破坏

露天矿边坡可以允许边坡岩体产生一定的变形，甚至产生一定的破坏，只要这种变形及破坏不影响露天矿的安全生产即可。这是露天矿边坡不同于其他地质工程的又一个显著特点。

D 露天矿边坡工程是复杂的动态地质工程问题

露天矿开采是一个复杂的动态地质工程问题，矿山开挖及开采活动贯穿于矿山服务期限的始终，露天矿边坡的稳定性随着开采作业的进行不断发生变化。露天矿边坡上布置有铁路、公路或胶带等开拓运输系统，担负着采矿生产的矿岩运输任务，亦随采场下延而逐步发展变化，是矿山边坡的重点维护部位。

E 露天矿边坡受人为因素和自然因素影响较大

露天矿边坡由中深孔爆破、机械开挖等手段形成，起爆药量大，岩体破坏严重；频繁的穿孔、爆破作业和车辆行走，使边坡岩体经常受到震动影响；边坡岩体暴露时间长，一般不加维护，易受风化等影响产生次生裂隙，进一步破坏岩体的完整性。

2.2 眼前山铁矿概况

鞍钢眼前山铁矿是鞍钢集团鞍山矿业公司所属大型国有企业，是鞍钢的主要铁矿石生产基地。1994 年，为解决扩帮剥岩滞后、生产能力逐年下降及难以实现向二期境界平稳过渡等难题，开始实施加陡固定帮边坡角的开采方案，台阶坡面角 65°，安全平台宽 10m，年产矿石 200 万吨，采剥总量 600 万吨，采场封闭圈标高 +105m，底标高 -195m，采用铁路-汽车联合运输系统运排矿岩，北帮 -3m 水平和南帮 +21m 水平设有倒装场，汽车将岩石运至北帮 -3m 倒装场，用铁路经南帮 +21m 站折返至北帮运出采场排弃；矿石用汽车运至南帮 +21m 倒装铁路后，经南帮和北帮铁路运出采场至鞍钢大孤山选矿厂。眼前山铁矿在实施加陡固定帮边坡角的开采工艺取得了显著经济效益的同时，因加陡固定帮而带来的边坡破坏风险也随之增加，至 2004 年南帮扩帮下降至 +45m 水平，已发生近十处的边坡滑落与破坏，对矿山安全生产造成了较大的影响。

眼前山铁矿为前震旦纪沉积变质型鞍山式铁矿，南帮边坡（图 2.1）长约 2000m，岩性为混合岩，岩块强度较高，但岩体节理较发育，对南帮边坡的稳定性起主要控制作用，2000 年曾发生由断层与节理组合的大型楔体滑落。研究确定南帮岩体的节理发育特征、优势节理组构成及概率模型，是探讨南帮节理岩体损伤演化规律、边坡稳定性和可靠性的基础。

依据南帮边坡岩体的性质、结构、节理分布状况及边坡空间形态，将南帮边坡从东至西分为 A、B 两个工程地质分区，以中部边坡转折处的正长斑岩岩脉为分界线。A 区与 B 区节理发育状况见图 2.2 和图 2.3。

图 2.1 眼前山铁矿南帮边坡

图 2.2 A 区节理发育状况

图 2.3   B区节理发育状况

2.3   节理聚类分析

节理面的产状是构造地质学和岩石力学中研究最多的几何参数，节理面产状的要素主要包括节理的走向、倾向和倾角。结构面成因的复杂性，决定其分布既有一定的规律，同时也具有不确定性。为了对结构面进行定量化描述和分析发育的规律性，国内外多名学者做过大量的研究，通常将具有某些共同特征的结构面归类，最为常见的是对结构面产状进行分组和确定优势方位。传统的结构面分组方法一般采用节理倾向玫瑰花图、节理极点图和等密度图，其优越性在于对主要结构面分布情况较易做出直观判断，但分组结果主要依靠经验，尤其是在各分组边界不明显的情况下，分组结果更缺乏客观性[3,4]。Shanley 和 Mahtab 于 1976 年首次提出了结构面产状的聚类算法，后经 Mahtab 和 Yegulalp（1982），Harrison 和 Curran（1998）等人的工作，发展了用于结构面识别的模糊 C 均值（Fuzzy C-Means，FCM）聚类算法。模糊 C 均值聚类算法的引入较传统方法有了较大的进步，它通过优化模糊目标函数得到了每个样本点对类中心的隶属度，从而决定样本点的归属。这种模糊化的处理能较准确地反映数据的分布实际，特别适合于各类数据点在分布上有重叠的情况，并可进行有效性的检验。但是，该方法本质上是一种局部搜索寻优法，较易陷入局部极小点。在解空间中，最优解附近存在着一个吸引域，只有当 FCM 算法初始化参数处于这个吸引域中，则可很快收敛到全局最优解。因此，用节理倾向玫瑰花图、节理极点图和等密度图确定模糊 C 均值聚类算法的初始参数，便可得到理想的聚类结果。

2.3.1 节理倾向玫瑰花图、极点图和等密度图

节理倾向玫瑰花图、极点图和等密度图分别见图 2.4 ~ 图 2.9。

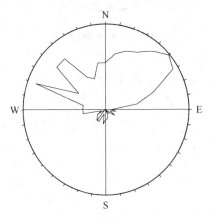

图 2.4 A 区节理倾向玫瑰花图

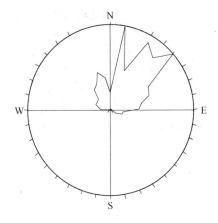

图 2.5 B 区节理倾向玫瑰花图

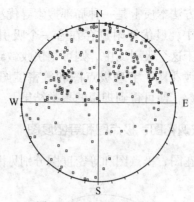

图 2.6　A 区节理极点图

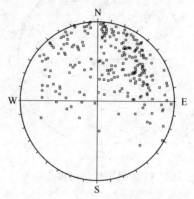

图 2.7　B 区节理极点图

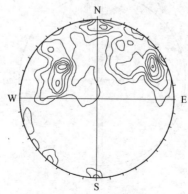

图 2.8　A 区节理等密度图

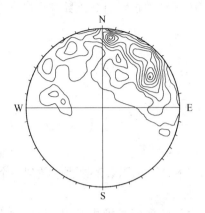

图 2.9　B 区节理等密度图

2.3.2　模糊 C 均值（FCM）聚类算法

设现场测量得到的节理产状样本集有 n 个样本 $X = \{X_1, X_2, \cdots,$ $X_n\}$，即 n 个样本数据子集,节理面的法向向量 $X_k = (X_{k1}, X_{k2}, X_{k3})$ 为 k 个样本特征向量，节理面倾向、倾角为 α_k、β_k：

$$X_k = (\sin\alpha_k\sin\beta_k, \cos\alpha_k\sin\beta_k, \cos\beta_k) \quad (k = 1, 2, \cdots, n) \quad (2.1)$$

模糊 C 均值聚类算法将 X 划分为 C 类，其准则是如下目标函数 J_m 最小：

$$J_m = \frac{1}{2} \sum_{i=1}^{C} \sum_{k=1}^{n} (u_{ik})^m \| X_k - V_i \|^2 \qquad (2.2)$$

式中，u_{ik} 表示第 k 个样本 X_k 隶属于聚类 C_i 的程度，且满足 $u_{ik} \in [0,$ $1]$ 和 $\sum_{i=1}^{C} u_{ik} = 1$；$m \in [1, \infty]$，为模糊加权指数，一般取 2；$V_i = (V_{i1},$ $V_{i2}, V_{i3})$，为聚类中心。

节理面间的距离度量可采用欧氏距离或法向向量间夹角的正弦值，这里采用欧氏距离：

$$\| X_k - V_i \|^2 = \sum_{i=1}^{3} (x_{kj} - v_{ij})^2 \qquad (2.3)$$

模糊 C 均值聚类算法通过对目标函数进行如下迭代来实现：

$$u_{ik} = \frac{(\|X_k - V_i\|^2)^{\frac{1}{1-m}}}{\sum\limits_{j=1}^{C} (\|X_k - V_j\|)^{\frac{1}{1-m}}}$$

$$V_i = \frac{\sum\limits_{k=1}^{n} (u_{ik})^m \cdot X_k}{\sum\limits_{k=1}^{n} (u_{ik})^m} \quad (1 \leqslant i \leqslant C, 1 \leqslant k \leqslant n)$$

(2.4)

通过上述迭代求解，目标函数最终将收敛到一个极小点，从而得到 X 的一个模糊 C 划分。

聚类的有效性检验可采用模糊指标 H_C 和分类系数 F_C 来进行聚类效果优劣的检验，其计算公式如下：

$$H_C = -\frac{1}{n} \sum_{k=1}^{n} \sum_{i=1}^{C} u_{ik} \cdot \log_a(u_{ik})$$

$$F_C = \frac{1}{n} \sum_{k=1}^{n} \sum_{i=1}^{C} u_{ik}^2$$

(2.5)

式中，对数的底 $a \in (1, \infty)$，且约定当 $u_{ik} = 0$ 时有 $u_{ik} \cdot \log_a(u_{ik}) = 0$，取自然对数；$H_C$ 越接近 0，F_C 越接近 1，表明分类的模糊性越小，聚类的效果越好。

对于采用欧氏距离的 R^3 空间，聚类效果的评价指标还有模糊超体积 F_{hv} 及平均划分密度 P_{da}，最优模糊划分对应最小模糊超体积和最大平均划分密度。其计算公式为：

$$F_{hv} = \sum_{i=1}^{C} [\det(F_i)]^{1/2}$$

(2.6)

$$P_{da} = \frac{1}{C} \sum_{i=1}^{C} (\sum_{j=1}^{n} u_{ij}) [\det(F_i)]^{1/2}$$

(2.7)

$$F_i = \frac{\sum\limits_{j=1}^{n} (u_{ij})^m (X_j - V_i)(X_j - V)^T}{\sum\limits_{j=1}^{n} (u_{ij})^m} \quad (1 \leqslant i \leqslant C)$$

(2.8)

从 A 区、B 区的节理极点图和等密度图可以看出，节理分组的边界不明显，离散性较大，大致可分为 2～4 组。采用模糊 C 均值聚类算法进行了 2 ~ 4 组的划分试算，计算结果列于表 2.1 和表 2.2。

分析模糊熵指标 H_C、分类系数 F_C、模糊超体积 F_{hv} 和平均划分密度 P_{da} 等四个聚类效果检验指标，均可发现 A 区、B 区节理划分为两组较为合理[5]。A 区第一组节理优势方位为倾向 298.8°，倾角 49.9°，节理数目占 46.6%；第二组节理优势方位为倾向 43.3°，倾角 63.7°，节理数目占 53.4%。B 区第一组节理优势方位为倾向 52.9°，倾角 61.3°，节理数目占 59.1%；第二组节理优势方位为倾向 336.0°，倾角 62.1°，节理数目占 40.9%。A、B 区优势节理与总体边坡面、台阶边坡面组合关系的赤平投影图见图 2.10 和图 2.11。

表 2.1　A 区节理模糊 C 均值聚类分析结果

节理聚类组数	$C = 2$	$C = 3$	$C = 4$
模糊熵指标 H_C	0.393	0.648	0.734
分类系数 F_C	0.754	0.634	0.619
模糊超体积 F_{hv}	1.141	1.471	1.752
平均划分密度 P_{da}	66.465	38.146	23.834
优势节理组产状及数目	298.8°/49.9°(109)	58.6°/62.8°(83)	57.3°/64.4°(82)
	43.3°/63.7°(125)	289.3°/48.3°(91)	207.7°/70.0°(21)
		1.6°/73.1°(60)	301.6°/49.3°(78)
			5.5°/75.6°(53)

表 2.2　B 区节理模糊 C 均值聚类分析结果

节理聚类组数	$C = 2$	$C = 3$	$C = 4$
模糊熵指标 H_C	0.431	0.666	0.846
分类系数 F_C	0.724	0.622	0.558
模糊超体积 F_{hv}	1.065	1.325	1.598
平均划分密度 P_{da}	63.410	34.971	23.630
优势节理组产状及数目	52.9°/61.3°(143)	67.9°/57.5°(90)	69.1°/62.6°(75)
	336.0°/62.1°(99)	315.8°/58.6°(63)	26.6°/31.1°(39)
		21.1°/72.8°(89)	317.4°/66.5°(51)
			20.3°/76.4°(77)

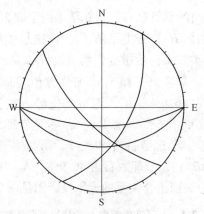

图 2.10   A 区优势节理组赤平投影图

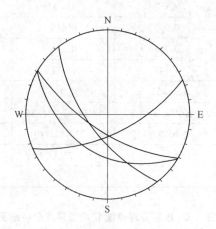

图 2.11   B 区优势节理组赤平投影图

2.4   节理参数随机统计

2.4.1   节理方位

根据 A 区、B 区的节理聚类分组结果，对各组节理倾向和倾角数据进行统计分析。倾向数据统计时做如下调整：

（1）当节理组聚类中心倾向为 0°～90°时，对 270°～360°的节理倾向减 360°进行调整；

（2）当节理组聚类中心倾向为 270°~360°时，对于 0°~90°的节理倾向加 360°进行调整。

A 区和 B 区各组节理倾向、倾角的统计直方图见图 2.12~图 2.19，经拟合检验，在 95% 的置信度下接受正态分布的假设，南帮节理组倾向、倾角的概率分布参数见表 2.3。

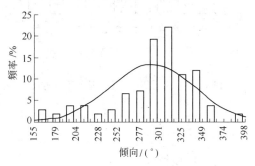

图 2.12　A 区 2-1 组节理倾向直方图

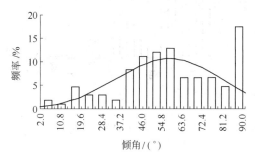

图 2.13　A 区 2-1 组节理倾角直方图

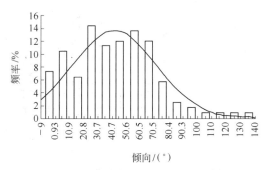

图 2.14　A 区 2-2 组节理倾向直方图

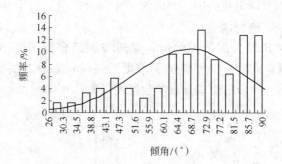

图 2.15   A 区 2 - 2 组节理倾角直方图

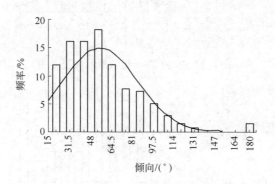

图 2.16   B 区 2 - 1 组节理倾向直方图

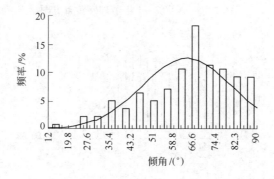

图 2.17   B 区 2 - 1 组节理倾角直方图

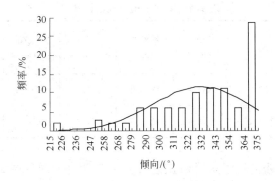

图 2.18 B 区 2 - 2 组节理倾向直方图

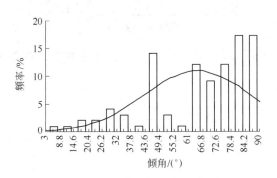

图 2.19 B 区 2 - 2 组节理倾角直方图

表 2.3 南帮节理方位统计结果

节 理 组	节理数目 /%	倾向/(°)			倾角/(°)		
		均值	标准差	类型	均值	标准差	类型
A 区 2 - 1 组	46.6	291.1	48.6	正态	57.3	22.1	正态
A 区 2 - 2 组	53.4	42.2	28.9	正态	67.5	16.2	正态
B 区 2 - 1 组	59.1	55.9	29.3	正态	63.8	16.8	正态
B 区 2 - 2 组	40.9	331.2	36.6	正态	64.8	21.2	正态

2.4.2 节理迹长

节理迹长统计结果见表2.4。

表 2.4   南帮节理迹长统计结果

分区	样本容量	均值 /mm	标准差 /mm	最小值 /mm	最大值 /mm	分布类型
A	529	1354.8	1245.2	131.6	11111.1	对数正态
B	379	1316.7	1258.5	157.5	7142.9	对数正态

A 区节理迹长服从对数正态分布，统计直方图见图 2.20，概率密度函数为：

$$f(x) = \frac{1}{0.7598 \times \sqrt{2\pi} \times x} e^{-\frac{(\ln x - 6.9076)^2}{2 \times 0.7598^2}} \tag{2.9}$$

B 区节理迹长服从对数正态分布，统计直方图见图 2.21，概率密度函数为：

$$f(x) = \frac{1}{0.8091 \times \sqrt{2\pi} \times x} e^{-\frac{(\ln x - 6.8346)^2}{2 \times 0.8091^2}} \tag{2.10}$$

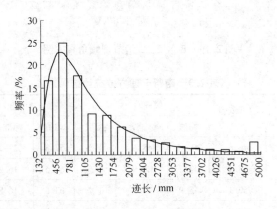

图 2.20   A 区迹长统计直方图

2.4.3   节理间距

间距统计结果见表 2.5。

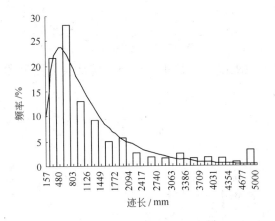

图 2.21　B 区迹长统计直方图

表 2.5　南帮节理间距统计结果

分区	样本容量	均值 /mm	标准差 /mm	最小值 /mm	最大值 /mm	分布类型
A	3097	385.8	426.8	32.9	6338.0	对数正态
B	2304	355.4	446.2	32.5	5222.2	对数正态

A 区节理间距服从对数正态分布，统计直方图见图 2.22，概率

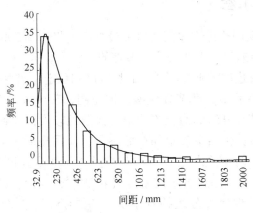

图 2.22　A 区间距统计直方图

密度函数为：

$$f(x) = \frac{1}{0.9213 \times \sqrt{2\pi} \times x} e^{-\frac{(\ln x - 5.5294)^2}{2 \times 0.9213^2}} \tag{2.11}$$

B 区节理间距服从对数正态分布，统计直方图见图 2.23，概率密度函数为：

$$f(x) = \frac{1}{0.9990 \times \sqrt{2\pi} \times x} e^{-\frac{(\ln x - 5.3693)^2}{2 \times 0.9990^2}} \tag{2.12}$$

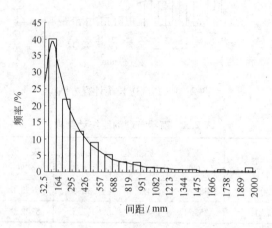

图 2.23   B 区间距统计直方图

2.5   本章小结

（1）鞍钢眼前山铁矿南帮边坡最终高度将达到 300m，其主要特点是岩石强度较高，节理发育，节理的产状、规模、密度、形态及其组合关系，对边坡的破坏模式、破坏程度和稳定性起主要控制作用。

（2）从 A 区、B 区节理倾向玫瑰花图、节理极点图和等密度图可以看出，节理分组的边界不明显，离散性较大，大致可分为 2~4组。根据初步分析结果确定的初始参数，应用模糊 C 均值聚类算法进行了进一步的聚类分析，并经聚类有效性检验，A 区与 B 区节理分为 2 组较为客观合理，并确定了各组节理优势产状及数目百分比。

（3）在节理聚类分组的基础上，通过绘制直方图、统计拟合、假设检验，研究确定了眼前山铁矿南帮边坡岩体各组节理优势产状、迹长及间距的分布类型及相应参数，节理倾向、倾角服从正态分布，迹长及间距服从对数正态分布，建立了节理分布的概化模型。

（4）眼前山铁矿南帮边坡节理概化模型的建立，为研究节理岩体的初始损伤、损伤演化及稳定性奠定了基础，对指导矿山的边坡维护及安全生产也具有非常重要的意义。

3 节理网络模拟与损伤张量

　　岩体是经过漫长的地质演化过程而形成的耗散结构体，具有明显的结构特征：岩石内部自然存在大量具有统计分布意义的微裂纹和微孔洞等缺陷；岩体在各种地质作用下产生永久变形和构造地质变形，产生断裂、节理、层理、劈理等结构弱面；岩体中的结构弱面削弱了岩体的力学强度，控制着岩体的变形破坏机制和力学法则。从损伤力学的角度看，岩体属于一种具有初始损伤的介质，岩体内部的大量断续节理裂隙，构成了岩体的初始几何损伤，由于节理损伤的影响以及在露天矿开挖卸荷作用下的损伤演化，导致岩体力学性质呈现不连续性、非均质性和各向异性。岩体的强度和内部裂隙分布等在空间上均具有随机性，其损伤是一种概率损伤。岩体节理网络计算机模拟是现代计算机技术在岩石力学领域应用的一个重要方面，是研究岩体内大量节理裂隙随机分布规律的有效手段。本章基于三维节理网络计算机模拟技术，研究探讨了节理岩体初始损伤张量及概率分布的计算方法和程序。

3.1　损伤力学简介

　　损伤力学（damage mechanics）是固体力学的一个分支。

　　损伤力学认为，材料内部存在着分布的微缺陷，如位错、微裂纹、微空洞等。这些不同尺度的微细结构是损伤的典型表现。在热力学中，损伤视为不可逆的耗散过程。材料或构件中的损伤有多种，如脆性损伤、塑性损伤、蠕变损伤、疲劳损伤等。

　　损伤力学选取合适的损伤变量（可以是标量、矢量或张量），利用连续介质力学的唯象方法或细观力学、统计力学的方法，导出含损伤的材料的损伤演化方程，形成损伤力学的初、边值问题的提法，并求解物体的应力场、变形场和损伤场。

　　损伤力学可大致分为连续介质损伤力学、细观损伤力学和基于细观的唯象损伤力学。

损伤力学近年来得到发展并应用于破坏分析、力学性能预计、寿命估计、材料韧化等方面。从 1958 年 P. M. 卡恰诺夫提出完好度（损伤度）概念至今，损伤力学仍处在发展阶段。

国际上公认的损伤力学体系尚在形成与发展之中。它与断裂力学一起组成破坏力学的主要框架，研究物体由损伤直至断裂破坏这样一类破坏过程的力学规律。

3.1.1　损伤变量

材料或结构在损伤过程中，其内部微裂纹或空隙是相互作用、相互影响的，并不存在某一孤立的控制损伤发展状态的裂纹，而且人们也不可能对所有裂纹一一做出几何学的描述，更无法确定各裂纹尖端附近的应力场。因此，力学工作者把含有众多分散的微裂纹区域看成是局部均匀场，在场内考虑裂纹的整体效应，试图通过定义一个与不可逆相关的场变量来描述均匀场的损伤状态。这个场变量就是损伤变量。

损伤变量是表征材料或结构劣化程度的量度，直观上可理解为微裂纹或空洞在整个材料中所占体积的百分比。在损伤力学中，损伤变量实际上起着"劣化算子"的作用，材料或结构的损伤状态即是通过这些具有客观统计特征的损伤变量来描述的。从热力学的观点来看，损伤变量是一种内部状态变量，它能反映物质结构的不可逆变化过程。

损伤会引起材料微观结构和某些宏观物理性能的变化，所以损伤变量可从微观和宏观这两个方面选择。微观方面，可以选择裂纹数目、长度、面积和体积等；宏观方面，可以选择弹性模量、屈服应力、拉伸强度、密度等。不同的损伤过程，可以选择不同的损伤变量；即使是同一损伤过程，也可以选择不同的损伤变量。

自 1980 年以来，各国学者先后定义了多种损伤变量来描述材料或结构的损伤状态，但他们都是以 Kachanov 定义的损伤变量为基础的。Kachanov 定义的损伤变量被认为是损伤变量最早且最经典的表述，其表达的物理意义为结构有效承载面积的相对减少。

根据研究对象的复杂程度和力学描述方式的不同，损伤变量可以定义为标量、矢量或张量等不同形式。例如，对于微裂纹各向同性分布的情况，损伤变量可采用标量形式；对于微裂纹有规律地平面分布的情况，可用与裂纹垂直的矢量表示损伤；对于微裂纹各向异性分布的情况，损伤变量可采用张量形式。虽然用张量表示损伤能够更真实地反映微观裂纹的排列状态及其力学特性，但是其数学表达式比较复杂，在工程应用方面存在较大难度。

定义损伤变量是建立损伤模型、对材料或结构进行损伤分析的前提。损伤变量选择得恰当与否，决定着损伤模型的正确性。从力学应用上讲，损伤变量的选取应考虑到如何与宏观力学建立联系，并易于识别和量测。

理想的损伤变量应具有以下几个特点：

（1）对损伤的描述有足够精度，这种描述可以是基于细观的，如微裂纹或微孔洞的几何尺寸、取向、配置等；

（2）独立的材料参数尽可能少，便于数学运算和实验测定；

（3）有一定的物理意义或几何意义。

3.1.2　有效应力

通常情况下，应力一般表示为与总面积 A_c 相关的内力分布集度，被称之为 Cauchy 应力或名义应力。

在考虑损伤效应时，实际应力必须表示为与有效承载面积 A_y 相关的内力分布集度，称为净应力或有效应力。

3.1.3　基本假定

损伤力学基本假定是损伤力学研究中非常关键的内容。不同的基本假定导致不同的损伤变量定义模式和不同的损伤本构关系。为得到与研究对象相应的损伤本构关系，必须对受损伤物体的特性进行合理假定。损伤理论中的基本假定主要有以下三种：应变等价假定、应力等价假定、能量等价假定。

　A　应变等价假定

应变等价假定认为，应力作用在受损材料上引起的应变与有效应力作用在无损材料上引起的应变等价。

基于应变等价假定，受损结构的本构关系可通过无损时的形式描述，只需将其中名义应力换成有效应力即可。

B 应力等价假定

应力等价假定认为，损伤状态下真实应变对应的应力和与虚构无损状态下有效应变对应的应力等价。

应变等价假定实际上包含了应力等价假定。

C 能量等价假定

能量等价假定认为，损伤状态下真实应变和应力对应的弹性余能和虚构无损伤状态下有效应变和有效应力对应的弹性余能等价。

基于能量等价得到的损伤本构关系和损伤的定义与基于应变或应力等价得到的关系式有所不同。

3.1.4 损伤本构热力学

损伤是与材料内部微观结构组织的改变相关联的，是物质内部结构不可逆的变化过程。损伤演变与塑性变形一样都会造成材料的不可逆能量耗散，故损伤变量是一种内变量。材料的损伤本构方程可采用带内变量的不可逆过程热力学定律来研究，即让损伤变量以内变量的形式出现在热力学方程中。

热力学在损伤本构方程建立方面的应用集中体现于热力学第一、第二定律。热力学第一定律实质上是能量守恒原理，涉及热与功的相互转换。

3.1.5 损伤研究方法与步骤

根据研究的特征尺度不同，损伤的研究方法总体上可分为三种：微观方法、细观方法和宏观方法。

A 微观方法

微观方法是在原子或分子的微观尺度上研究材料损伤的物理过程，并基于量子统计力学导出损伤的宏观响应。该方法需要有原子结构、微观物理等方面的知识和极大容量的计算设备。微观方法为宏观损伤理论提供了较高层次的实验基础，有助于提高对损伤机制的认识。但是，由于该方法着重于微观结构的物理机制，很少直接考虑损伤的宏观变形和应力分布，而且目前在建立微观结构变化与宏观力学响应之间的关系上存在较大难度。因此，微观方法很难直接用于工程结构的宏观力学行为分析。

B   细观方法

细观方法是从材料的细观结构出发，对不同的损伤机制加以区分，着眼于损伤过程的物理机制。该方法通过对细观结构变化的物理过程的研究，探索材料破坏的本质与规律，并采用某种力学平均化方法，将细观结构单元的研究结果反映到材料的宏观性质中去。细观方法主要研究材料细观结构如微裂纹、微孔洞、剪切带等的损伤演化过程，它一方面忽略了过于复杂的微观物理过程，避免了微观统计力学的繁琐计算；另一方面又包含了不同材料的细观几何构造，为损伤变量和损伤演化方程的建立提供了物理背景。

C   宏观方法

宏观方法也称为唯象学方法。它着重考察损伤对材料宏观力学性质的影响以及结构的损伤演化过程，而不追究损伤的物理背景和材料内部的细观结构变化。该方法是通过引进内部变量，将细观结构变化映射到宏观力学变化上加以分析的，即在本构关系中引入损伤变量，采用带有损伤变量的本构关系真实地描述受损材料的宏观力学行为。由于宏观方法是从宏观现象出发，并且模拟宏观力学行为，所以其方程及参数的确定往往是半经验半理论的，且具有明确的物理意义，可直接反映结构的受力状态。因此，采用宏观方法建立的损伤本构方程便于应用到结构设计、寿命计算及安全分析中。但该方法不能从细、微观结构层次上弄清损伤的形态与变化。

3.2   节理岩体损伤张量

露天矿边坡岩体中存在不同尺度的节理和断层，这些不连续面在一定程度上决定着岩体的变形和破坏特征。对于有限数量的规模较大的不连续面，用有限元的节理单元模型能较好地模拟分析；而对于岩石中较小微观尺度的裂纹，可由连续损伤介质力学的方法来解决。中等尺度的大量随机分布的节理对岩体力学性质的影响可引入损伤力学概念，用损伤张量表示这种不连续面的几何特征。

节理岩体损伤力学是损伤力学理论与岩体力学、工程地质学之间的交叉学科，把岩体中的节理裂隙看成是岩体内部的初始损伤，通过引入一种所谓"损伤变量"的内部状态变量来描述受损材料的力学行为，从而研究其裂隙的产生、演化、体积元破坏，直到断裂的全过程。

最早开始研究岩石类材料损伤的是 Dougil（1976）、Dragon（1979）和 Morz（1979），他们根据断裂面的概念研究岩石与混凝土的脆塑性损伤行为，提出了能反映应变软化的弹性本构关系，并且认为塑性膨胀率与损伤直接相关，建立了相应连续介质损伤力学模型。Lemaitre 于 1984 年采用等效应变概念提出了一个应力－应变关系，认为将常规本构关系中的应力用有效应力替换，这个本构关系即能描述其应变性能。Kyoya 、Ichikawa 和 Kawamoto 等[6] 将 Murakami 和 Ohno 提出的用以描述金属蠕变损伤的二阶损伤张量应用于节理裂隙岩体研究中，以表示岩体中节理裂隙的几何特征，较好地解决了节理对岩体变形的影响问题。几何损伤理论对研究节理组引起岩体的各向异性和应变软化等力学特性是十分有效的工具。

节理岩体试验结果表明，其强度和变形特性受裂隙方位角、裂隙长度、连通率以及间距的影响很大。设 V_1 和 V 分别表示岩块和岩体的体积，假定岩体为正方体（图 3.1），为定义岩体中的损伤张量，需对节理裂隙的空间展布作如下假定：

（1）岩体中的节理都是平面延伸；

（2）损伤沿节理界面扩展，且不延伸到岩块的内部，岩块的尺寸由节理平均间距决定。

假定有一组垂直于其中某一坐标轴的裂隙，定义岩体的总有效表面积为：

$$A = V^{2/3} \left(\frac{V}{V_1} \right)^{1/3} = \frac{V}{l} \tag{3.1}$$

式中，l 为裂隙面平均间距。

设在体积 V 中有 N 条节理，其中第 k 条节理的面积为 a^k，其法

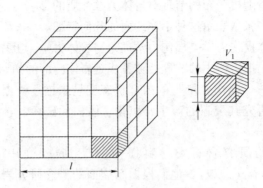

图 3.1 岩块和有效表面积

向矢量为 n^k，对于第 k 条节理而言，节理的损伤张量可定义为：

$$\boldsymbol{\Omega}_{ij}^k = \frac{l}{V} a^k (n^k \otimes n^k) \qquad (3.2)$$

则岩体的损伤张量为：

$$\boldsymbol{\Omega}_{ij} = \frac{l}{V} \sum_{k=1}^{N} a^k (n^k \otimes n^k) \qquad (3.3)$$

如果现场能够测量岩体三个相互垂直表面上节理组的角度与长度，即可确定每组节理的损伤张量，并在此基础上确定岩体的总损伤张量。

设每组节理在 x_1，x_2，x_3 坐标面上的角度分别为 θ_1，θ_2，θ_3，则节理的单位法向矢量为：

$$n = (n_1, n_2, n_3)^T = (\lambda \cos\theta_i \cos\theta_j, \lambda \sin\theta_i \sin\theta_j, \lambda \cos\theta_i \sin\theta_j)^T \quad (3.4)$$

式中，$\lambda = (\cos^2\theta_i + \sin^2\theta_i \sin^2\theta_j)^{1/2}$，下标 (i,j) 可以循环置换，依次为 $(1,2)$、$(2,3)$、$(3,1)$；$\theta_1, \theta_2, \theta_3$ 同时满足：

$$\tan\theta_i \tan\theta_j \tan\theta_k = -1 \quad (i,j,k) = (1,2,3),(2,3,1),(3,1,2)$$

由式（3.4）求得每组节理的单位法向量。当已知节理的间距和长度时，即可求得每组节理的损伤张量。

设立方体元的 x_1，x_2，x_3 平面内各含 N_1，N_2，N_3 条节理，将坐标系旋转，新坐标系的 x_3' 轴与原来的外法向矢量 n 重合，如图 3.2 所示。

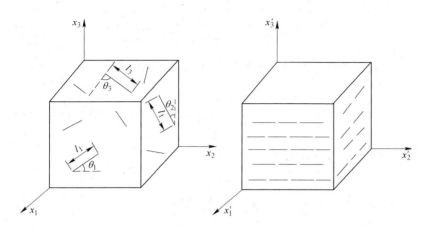

图 3.2　岩块表面裂缝

因此 x_1' 沿轴节理用下式计算：

$$\overline{N}_{12} = N_1' \left(\frac{V^{1/3}}{l_2'} \right) \tag{3.5}$$

式中，N_1' 为 x_1' 平面内的节理数；l_2' 为 x_2' 平面内节理的平均长度。

沿 x_2' 轴类似地有：

$$\overline{N}_{21} = N_2' \left(\frac{V^{1/3}}{l_1'} \right) \tag{3.6}$$

V 中所含总节理数为：

$$N_V = \sqrt{\frac{N_1' \cdot N_2'}{l_1' \cdot l_2'}} \cdot V^{1/3} \tag{3.7}$$

节理的平均表面积为：

$$\bar{a} = l_1' \cdot l_2' = l_1 \cdot l_2 \tag{3.8}$$

由于坐标变换，N_i' 与 $N_i (i = 1, 2)$ 的关系为：

$$N_i' = \frac{N_i}{\sqrt{1 - n_i^2}} \tag{3.9}$$

则总节理数为：

$$N_V = V^{1/3} \left(\frac{N_1 \cdot N_2}{l_1 \cdot l_2 \cdot \sqrt{1-n_1^2} \cdot \sqrt{1-n_2^2}} \right)^{1/2} \tag{3.10}$$

由此可得岩体损伤张量（一般地，若 $N_i > N_j > N_k$）为：

$$\boldsymbol{\Omega}_{ij} = \frac{1}{V^{2/3}} \left[\frac{N_i \cdot N_j \cdot l_i \cdot l_j}{\sqrt{(1-n_i^2)(1-n_j^2)}} \right]^{1/2} (\boldsymbol{n} \otimes \boldsymbol{n}) \ (i,j \ 不求和) \tag{3.11}$$

则岩体总损伤张量为：

$$\boldsymbol{\Omega}_{ij} = \sum_{k=1}^{M} \Omega_{ij}^{(k)} \tag{3.12}$$

式中，M 为岩体中的节理组数；$\Omega_{ij}^{(k)}$ 为第 k 组节理引起的损伤张量。

3.3　节理网络模拟

工程实际中，很难在现场找到测量岩体节理组的三个相互垂直的理想岩面，但可以通过现场边坡地质调查，确定岩体的优势节理组划分和产状的概率分布类型与参数，以及节理迹长、密度、间距等参数，利用岩体三维节理网络的计算机模拟技术可以重构满足随机分布特征的每条空间分布的节理，这样便能很方便计算出每条节理对损伤张量各分量的贡献，进而得到总的损伤张量。

岩体三维节理网络的计算机模拟，实质为根据实测统计分析建立的关于结构面各几何特征参数的概率密度函数，应用 Monte-Carlo 法，按已知密度函数进行"采样"，得出与实际分布函数相"平行"或相"对应"的人工随机变量。这些随机变量包括结构面的倾向、倾角、结构面的长度，以及结构面位于模拟区域内的中点坐标等，进而可推算出每一条结构面在模拟区域中的中心坐标。所有这些结构面组合起来，即构成了岩体节理面的三维网络图像[7]。

3.3.1　节理圆盘的中心

节理空间形态的描述通常采用 Beacher 圆盘节理模型（图 3.3）。统计结果表明，节理圆盘中心位置的分布在统计区域内为均匀分布。

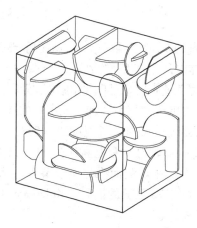

图 3.3　节理 Beacher 圆盘模型

3.3.2　节理圆盘的半径

由圆盘假设可知,假定节理圆盘的直径为 D,迹长实际上是节理圆盘上的一条弦,弦长 L 在距圆盘中心任意距离通过的概率均相等,亦即弦长中心在区间 $[0, D]$ 上为均匀分布,其概率密度为 $1/D$。因此,迹长与节理直径的比值 (L/D) 的连续性随机变量的分布函数为:

$$F\left(\frac{L}{D}\right) = 1 - \sqrt{1 - \left(\frac{L}{D}\right)^2} \qquad (3.13)$$

概率密度函数为:

$$f\left(\frac{L}{D}\right) = F'\left(\frac{L}{D}\right) = \frac{L/D}{\sqrt{1 - (L/D)^2}} \qquad (3.14)$$

随机变量 L/D 的数学期望为:

$$E\left(\frac{L}{D}\right) = \int_{-\infty}^{+\infty} \left(\frac{L}{D}\right) f\left(\frac{L}{D}\right) \mathrm{d}\left(\frac{L}{D}\right) = \frac{\pi}{4} = 0.786 \qquad (3.15)$$

即平均迹长是实际节理圆盘直径的 0.786 倍。节理圆盘半径为:

$$r = D/2 = (L/0.786)/2 = L/1.572 \qquad (3.16)$$

3.3.3　节理密度

模拟区域内节理的总体数量取决于该区域内节理的体密度,节理的体密度即单位体积岩体内含有的节理的数量。节理的调查统计可直接得出节理的线密度或面密度,为此常用节理的面密度控制模拟区内节理的数目。

节理的面密度为单位面积内节理迹线中点的数量,可用统计窗法获得。在一个观测面统计窗内,节理迹线一般有三种类型:(1) 两端均能观测到;(2) 两端均不能观测到;(3) 只能观测到一端。后两种迹线的中点不一定在观测面内,所以节理面密度 λ 一般不等于观测到的裂隙数量除以观测面的面积。Kulatilate 主张用迹线中点位于观测面内的概率来计算 λ 值:

$$\lambda = \frac{K + \sum_{i=1}^{L}\left[P_1(W)\right]_i + \sum_{i=1}^{M}\left[P_0(W)\right]_i}{A} \tag{3.17}$$

式中,K、L、M 分别为三种迹线在测窗上的数量;A 为测窗面积;$P_1(W)$ 为节理一端出露的迹线中心位于测窗内的概率;$P_0(W)$ 为两端均不出露节理的迹线中心位于测窗内的概率。其中:

$$P_1(W) = 1 - e^{-ua}$$
$$\tag{3.18}$$
$$P_0(W) = ue^{ua}\int_{2a}^{\infty}\frac{a}{x-a}e^{-ua}dx + 1 - e^{-ua}$$

式中,a 为迹线出露的长度;u 为迹线平均长度 l 的倒数。

对于某一区域内岩体,由节理密度可以求得该区域内节理的总体数目,再由各组节理占总体的百分比和其抽样函数,可以得到该区域内岩体节理裂隙的真实分布情况。节理裂隙在岩体中的真实分布状况是节理网络生成的基础。

眼前山铁矿南帮边坡岩体 A 区节理面密度为 0.602 条/m^2,B 区节理面密度为 0.685 条/m^2。

3.3.4　眼前山铁矿岩体节理网络模拟

根据眼前山铁矿南帮边坡岩体节理分布参数,计算程序生成了 A 区、B 区三维节理网络立体图和剖面图,见图 3.4 ~ 图 3.7。

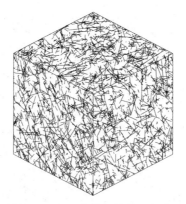

图 3.4　A 区岩体三维节理网络

图 3.5　A 区边坡剖面岩体节理网络

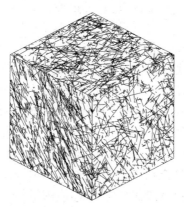

图 3.6　B 区岩体三维节理网络

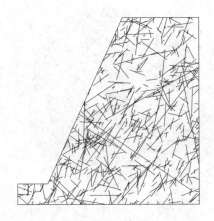

图 3.7   B 区边坡剖面岩体节理网络

3.4   损伤张量与随机分布

由于节理裂隙的几何参数（倾向、倾角和迹长等）均是随机变量，由式（3.3）中定义的损伤张量 $\boldsymbol{\Omega}$ 主要与岩体内节理裂隙面的几何参数有关，因此损伤张量 $\boldsymbol{\Omega}$ 亦为随机变量。

二阶对称损伤张量可构成一个 3×3 的对称矩阵，而矩阵中每个元素都是随机变量，因此 $[\boldsymbol{\Omega}]$ 为随机矩阵。若 $[\boldsymbol{\Omega}] = [\Omega_{ij}]$，则矩阵：

$$\mu([\boldsymbol{\Omega}]) = [\mu(\Omega_{ij})] \tag{3.19}$$

$$\delta([\boldsymbol{\Omega}]) = [\delta(\Omega_{ij})] \tag{3.20}$$

分别称为均值矩阵和标准差矩阵。

在三维节理网络模拟过程中，对于完全落入采样区的节理，其节理面积可由圆盘半径计算得出；而与采样区的面相交的节理圆盘，亦较容易由节理圆盘的中心坐标、半径及交点坐标计算出采样区内的节理面积。由节理的倾向、倾角计算出节理面的法向矢量 $\boldsymbol{n}$ 后，根据式（3.2）即可得出采样区内每条节理的损伤张量，通过累加便可获得每一次模拟的岩体损伤张量。根据 Monte-Carlo 原理，每次节理网络模拟计算得出的岩体损伤张量 $\boldsymbol{\Omega}$ 即为随机损伤张量 $[\boldsymbol{\Omega}]$ 的一个子样，通过多次网络模拟、统计则可获得损伤张量的概率分布规律。

基于上述原理，经 1000 次抽样模拟计算，研究得出了眼前山铁矿南帮节理岩体初始损伤张量的均值矩阵和标准差矩阵见表 3.1。

表 3.1　南帮岩体损伤随机矩阵

元　素	A 区		B 区	
	均　值	标准差	均　值	标准差
Ω_{11}	0.2717	1.31E−02	0.3046	1.46E−02
Ω_{22}	0.2512	1.23E−02	0.2836	1.34E−02
Ω_{33}	0.1914	9.34E−03	0.1954	8.91E−03
Ω_{12}、Ω_{21}	7.40E−02	4.81E−03	5.20E−02	4.53E−03
Ω_{23}、Ω_{32}	0.1031	5.43E−03	0.1434	6.68E−03
Ω_{31}、Ω_{13}	−5.28E−03	3.50E−03	7.54E−02	4.87E−03

根据眼前山铁矿南帮边坡岩体损伤张量的统计结果[8]，随机损伤张量 $[\Omega]$ 在置信度 95% 的条件下可以较理想地接受正态分布的假设。实际模拟抽样时，对于不符合损伤张量要求的情况可简单采用删除的方式，完全可以满足工程要求。图 3.8～图 3.19 给出了 A 区、B 区随机损伤矩阵（对称）6 个元素的统计直方图及正态分布的拟合曲线。

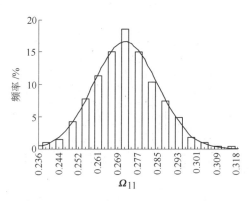

图 3.8　A 区随机损伤矩阵 Ω_{11} 直方图

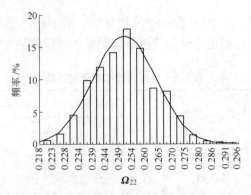

图 3.9　A 区随机损伤矩阵 Ω_{22} 直方图

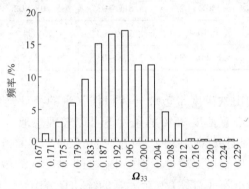

图 3.10　A 区随机损伤矩阵 Ω_{33} 直方图

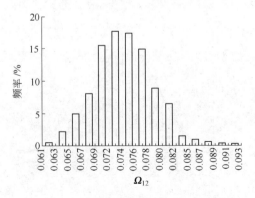

图 3.11　A 区随机损伤矩阵 Ω_{12} 直方图

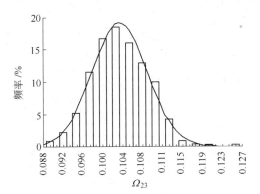

图 3.12　A 区随机损伤矩阵 $\boldsymbol{\Omega}_{23}$ 直方图

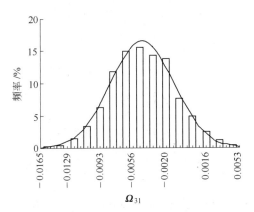

图 3.13　A 区随机损伤矩阵 $\boldsymbol{\Omega}_{31}$ 直方图

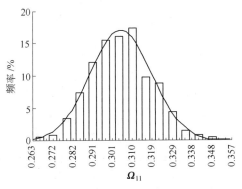

图 3.14　B 区随机损伤矩阵 $\boldsymbol{\Omega}_{11}$ 直方图

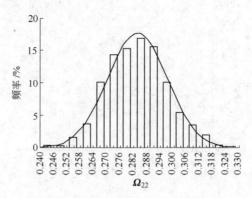

图 3.15　B 区随机损伤矩阵 Ω_{22} 直方图

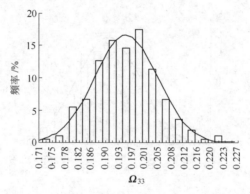

图 3.16　B 区随机损伤矩阵 Ω_{33} 直方图

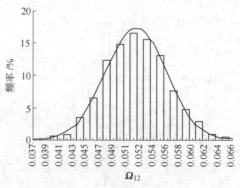

图 3.17　B 区随机损伤矩阵 Ω_{12} 直方图

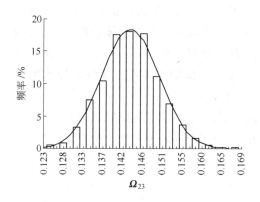

图 3.18　B 区随机损伤矩阵 Ω_{23} 直方图

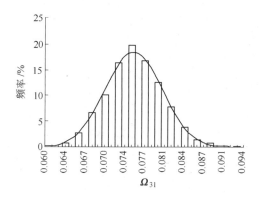

图 3.19　B 区随机损伤矩阵 Ω_{31} 直方图

3.5　本章小结

（1）岩体中发育的大量中等尺度节理在空间上具有随机分布的特点。岩体节理网络计算机模拟是现代计算机技术在岩石力学领域应用的一个重要方面，是研究岩体内大量节理裂隙随机分布规律的有效手段，根据建立的眼前山铁矿南帮边坡岩体节理分布概率模型，利用编制的计算机程序生成了 A 区、B 区三维节理网络立体图和剖面图，直观地展示了岩体内节理分布的空间信息。

（2）根据岩体损伤张量的基本定义，采用岩体三维节理网络的计算机模拟技术，研究探讨了节理岩体损伤张量及概率分布规律的分析方法和研究程序。通过模拟计算，得出了眼前山铁矿南帮岩体初始损伤张量的均值矩阵和标准差矩阵，其概率分布在95%置信度下可以接受正态分布的假设。

（3）岩体初始损伤张量概率化模型的建立，为研究节理岩体开挖卸荷损伤的演化及边坡动态可靠性分析奠定了基础。

4 岩体采动损伤分析原理

露天矿边坡岩体受大量的节理、裂隙和断层等不连续结构面的纵横切割，严重地影响了变形和破坏特征，是一种非均质各向异性结构体。目前有限单元法中普遍使用 Goodman 节理单元模型模拟规模较大的节理和断层，而不能考虑大量存在的节理对岩体强度及变形模量的劣化作用。近年来，国内外学者不断发展和完善了连续介质损伤力学理论。连续介质损伤力学理论属于唯象学方法，它既不采用物质的宏观行为由粒子统计理论出发的观点，也不分别考虑单个缺陷的作用和影响，而是采用"连续损伤介质"假设，通过宏观无穷小、微观无限大的模型，数学上抽象成"连续损伤机制模型"，使与连续场有关的分析方法毫无困难地得以进行。当岩体中的节理、裂隙的尺寸相对于岩体的尺寸来说很小时，可将它们理想化为岩体中的损伤。宏观的连续介质损伤理论把发育在岩体中的节理等不连续面的力学效应看成是损伤场，将不连续性岩体的力学特性纳入连续介质力学中合理地加以处理，已成为研究节理裂隙岩体开挖工程问题的一种有效方法。

露天矿边坡伴随着采矿的进行而逐步形成，是一个几十年的漫长过程。采矿开挖的影响使边坡岩体内应力在采场服务年限内一直处于不断调整和重新分布的状态，边坡节理岩体的损伤破坏表现为在开挖卸荷作用下原有节理、裂隙的扩展，或产生新的裂隙并相互贯通，导致节理岩体强度的逐渐劣化，边坡稳定性和可靠性随采场的下延而降低，呈现动态变化的特性。

4.1 节理岩体损伤力学分析模型

损伤力学是研究材料的损伤和损伤发展过程的一门学科，宏观的损伤理论把包含各种缺陷的材料，笼统地看成是一种含有"微损伤场"的连续介质，并把这种微损伤的形成、发展和聚结看成是"损伤演变"的过程，引入"损伤变量"来表达这种既连续又带损伤的介质，把"损伤"作为物质微观结构的一部分，并引入连续介质的模型来研究。

考虑由于损伤使有效承载面积减小而定义的应力张量，称为有效应力张量 $\boldsymbol{\sigma}^*$：

$$\boldsymbol{\sigma}^* = \boldsymbol{\sigma}\boldsymbol{\Phi} \tag{4.1}$$

$$\boldsymbol{\Phi} = (\boldsymbol{I} - \boldsymbol{\Omega})^{-1}$$

式中，$\boldsymbol{\Phi}$ 为计及损伤效果将 Cauchy 应力张量 $\boldsymbol{\sigma}$ 扩大为 $\boldsymbol{\sigma}^*$ 的变换张量，称为损伤效果张量。

上式定义的有效应力张量对拉应力和压应力都同样有效，但对岩体而言，一部分裂缝是闭合的，裂缝表面只能部分地抵抗压应力，而拉应力不能通过裂缝表面传递，所以损伤效应与应力状态有关。

设 $\boldsymbol{T}$ 是使损伤张量 $\boldsymbol{\Omega}$ 正交对角化的变换矩阵：

$$\boldsymbol{\Omega}' = \boldsymbol{T}\boldsymbol{\Omega}\boldsymbol{T}^{\mathrm{T}} \tag{4.2}$$

式中，$\boldsymbol{\Omega}'$ 为损伤张量 $\boldsymbol{\Omega}$ 的对角张量。

利用变换矩阵 $\boldsymbol{T}$ 将 Cauchy 应力张量变换到损伤张量 $\boldsymbol{\Omega}$ 的主轴方向：

$$\boldsymbol{\sigma}' = \boldsymbol{T}\boldsymbol{\sigma}\boldsymbol{T}^{\mathrm{T}} \tag{4.3}$$

将应力 $\boldsymbol{\sigma}'$ 分解成正应力部分 σ_{n}' 和剪应力部分 σ_{t}'，即：

$$\boldsymbol{\sigma}' = \sigma_{\mathrm{n}}' + \sigma_{\mathrm{t}}' \tag{4.4}$$

如果裂缝表面是完全光滑的，则裂缝不能抵抗剪应力，在这种情况下抵抗剪应力的有效面积为 $\boldsymbol{I} - \boldsymbol{\Omega}'$。然而，岩体的裂缝表面常常是粗糙的或填充了一些其他材料，剪应力不是直接传递，有效面积应修正为 $\boldsymbol{I} - C_{\mathrm{t}}\boldsymbol{\Omega}'$，其中 C_{t} 是在 $0 \sim 1$ 之间变化的系数。另外，垂直于裂缝的拉应力不能被传递，故有效面积为 $\boldsymbol{I} - \boldsymbol{\Omega}'$。对于垂直于裂缝的压应力，有效面积应修正为 $\boldsymbol{I} - C_{\mathrm{n}}\boldsymbol{\Omega}'$，其中 C_{n} 也是在 $0 \sim 1$ 之间变化的系数。于是，沿损伤张量 $\boldsymbol{\Omega}$ 的主轴，岩体的有效应力张量定义为：

$$\boldsymbol{\sigma}^{*\prime} = \sigma_{\mathrm{t}}'(\boldsymbol{I} - C_{\mathrm{t}}\boldsymbol{\Omega}')^{-1} + H<\sigma_{\mathrm{n}}'>(\boldsymbol{I} - \boldsymbol{\Omega}')^{-1} +$$
$$H<-\sigma_{\mathrm{n}}'>(\boldsymbol{I} - C_{\mathrm{n}}\boldsymbol{\Omega}')^{-1} \tag{4.5}$$

式中，$\boldsymbol{\Omega}'$ 为损伤张量 $\boldsymbol{\Omega}$ 的对角张量；C_{t}、C_{n} 为剪切、压缩条件下的损伤效应系数，取 $0 \sim 1$ 之间的值；$\boldsymbol{\sigma}^*$ 为有效应力；$\boldsymbol{\sigma}$ 为 Cauchy 应

力。其中：

$$(\sigma'_{\mathrm{n}})_{ij} = \begin{cases} \sigma'_{ij} & (\text{若 } i = j) \\ 0 & (\text{若 } i \neq j) \end{cases} \tag{4.6}$$

$$(H\langle\sigma\rangle)_{ij} = \begin{cases} \sigma_{ij} & (\text{若 } \sigma_{ij} > 0) \\ 0 & (\text{若 } \sigma_{ij} < 0) \end{cases} \tag{4.7}$$

通过下式换算，将应力 $\sigma^*{}'$ 变换回原坐标系：

$$\boldsymbol{\sigma}^* = \boldsymbol{T}^{\mathrm{T}} \boldsymbol{\sigma}^*{}' \boldsymbol{T} \tag{4.8}$$

有效应力张量一般是非对称张量，由非对称张量 $\boldsymbol{\sigma}^*$ 构成受损材料的本构方程和演化方程是不恰当的。常用的对称化方法是取张量 $\boldsymbol{\sigma}^*$ 的笛卡儿分量的对称部分，即：

$$\tilde{\boldsymbol{\sigma}} = \frac{1}{2}[\boldsymbol{\sigma}^* + (\boldsymbol{\sigma}^*)^{\mathrm{T}}] \tag{4.9}$$

根据应变等效假设得到节理岩体的本构方程，仿照有限元离散化如下：

$$[\boldsymbol{K}]\{\boldsymbol{U}\} = \{\boldsymbol{F}\} + \{\boldsymbol{F}^*\} \tag{4.10}$$

$$[\boldsymbol{K}] = \iiint [\boldsymbol{B}]^{\mathrm{T}}[\boldsymbol{D}][\boldsymbol{B}]\mathrm{d}v \tag{4.11}$$

$$\{\boldsymbol{F}\} = \iiint [\boldsymbol{N}]^{\mathrm{T}}[\boldsymbol{f}]\mathrm{d}v + \iint [\boldsymbol{N}]^{\mathrm{T}}[\boldsymbol{q}]\mathrm{d}s \tag{4.12}$$

$$\{\boldsymbol{F}^*\} = \iiint [\boldsymbol{B}]^{\mathrm{T}}[\boldsymbol{\Psi}]\mathrm{d}v \tag{4.13}$$

式中，$\{\boldsymbol{U}\}$ 为节点位移矢量；$[\boldsymbol{K}]$ 为刚度矩阵；$\{\boldsymbol{F}\}$ 为由体积力、表面力引起的单元节点力矢量；$\{\boldsymbol{F}^*\}$ 为由损伤的力学效应引起的单元额外节点力矢量；$[\boldsymbol{N}]$ 为形函数矩阵；$[\boldsymbol{B}]$ 为几何矩阵；$[\boldsymbol{f}]$ 为体积力矢量；$[\boldsymbol{q}]$ 为作用在边界 S 上的表面力矢量；$\boldsymbol{\Psi}$ 为二阶张量，定义为：

$$\boldsymbol{\Psi} = \boldsymbol{T}^{\mathrm{T}}[\sigma'_{\mathrm{t}}(\boldsymbol{\Phi}_{\mathrm{t}} - \boldsymbol{I}) + \sigma'_{\mathrm{n}}(H<\sigma'_{\mathrm{n}}>\boldsymbol{\Phi} + H<-\sigma'_{\mathrm{n}}>\boldsymbol{\Phi}_{\mathrm{n}} - \boldsymbol{I})]^{\mathrm{T}} \tag{4.14}$$

式中，$\boldsymbol{\Phi} = (\boldsymbol{I} - \boldsymbol{\Omega}')^{-1}$；$\boldsymbol{\Phi}_{\mathrm{t}} = (\boldsymbol{I} - C_{\mathrm{t}}\boldsymbol{\Omega}')^{-1}$；$\boldsymbol{\Phi}_{\mathrm{n}} = (\boldsymbol{I} - C_{\mathrm{n}}\boldsymbol{\Omega}')^{-1}$。

单元的刚度矩阵 $[\boldsymbol{K}]$ 仅与完整的岩石材料性质有关，损伤的力学效应由等效节点力 $\{\boldsymbol{F}^*\}$ 这一项反映。

4.2　FLAC 开挖模拟与采动损伤耦合分析

FLAC3D 的内嵌语言 FISH 使 FLAC3D 成为开放系统,可以使用户定义新的变量和函数,与其他程序进行交互作用,实现各种复杂的扩展运算功能。

FLAC3D 将计算区域划分为若干六面体单元,利用 FISH 语言程序可方便地读出单元的几何信息及应力信息。采用 Visual Basic 可视化编程语言,通过重新构造单元形函数、应变矩阵,高斯积分,即可形成计算由损伤引起的单元额外节点力 $\{F^*\} = \iiint [B]^{\mathrm{T}}[\varPsi]\mathrm{d}v$ 的程序模块。

三维 8 节点六面体等参元的位移函数可表示为:

$$u = \sum_{i=1}^{8} N_i u_i, \quad v = \sum_{i=1}^{8} N_i v_i, \quad w = \sum_{i=1}^{8} N_i w_i \qquad (4.15)$$

式中, u_i、v_i、w_i 为单元第 i 节点的 x、y、z 向位移; N_i 为单元形函数。

在局部坐标系中形函数表示为:

$$N_i = \frac{1}{8}(1 + \xi_i\xi)(1 + \eta_i\eta)(1 + \zeta_i\zeta) \qquad (4.16)$$

根据弹性力学理论,应变 – 位移矩阵为:

$$[B] = [B_1 \quad B_2 \quad \cdots \quad B_8] \qquad (4.17)$$

其中子矩阵为:

$$[B_i] = \begin{bmatrix} \dfrac{\partial N_i}{\partial x_i} & 0 & 0 \\[2mm] 0 & \dfrac{\partial N_i}{\partial y_i} & 0 \\[2mm] 0 & 0 & \dfrac{\partial N_i}{\partial z_i} \\[2mm] \dfrac{\partial N_i}{\partial y_i} & \dfrac{\partial N_i}{\partial x_i} & 0 \\[2mm] 0 & \dfrac{\partial N_i}{\partial z_i} & \dfrac{\partial N_i}{\partial y_i} \\[2mm] \dfrac{\partial N_i}{\partial z_i} & 0 & \dfrac{\partial N_i}{\partial x_i} \end{bmatrix} \qquad (4.18)$$

式（4.16）中形函数 N_i 是用局部坐标表示的，根据偏微分法则，可以得到：

$$\begin{Bmatrix} \dfrac{\partial N_i}{\partial \xi} \\[2mm] \dfrac{\partial N_i}{\partial \eta} \\[2mm] \dfrac{\partial N_i}{\partial \zeta} \end{Bmatrix} = \begin{bmatrix} \dfrac{\partial x}{\partial \xi} & \dfrac{\partial y}{\partial \xi} & \dfrac{\partial z}{\partial \xi} \\[2mm] \dfrac{\partial x}{\partial \eta} & \dfrac{\partial y}{\partial \eta} & \dfrac{\partial z}{\partial \eta} \\[2mm] \dfrac{\partial x}{\partial \zeta} & \dfrac{\partial y}{\partial \zeta} & \dfrac{\partial z}{\partial \zeta} \end{bmatrix} \begin{Bmatrix} \dfrac{\partial N_i}{\partial x} \\[2mm] \dfrac{\partial N_i}{\partial y} \\[2mm] \dfrac{\partial N_i}{\partial z} \end{Bmatrix} = [\boldsymbol{J}] \begin{Bmatrix} \dfrac{\partial N_i}{\partial x} \\[2mm] \dfrac{\partial N_i}{\partial y} \\[2mm] \dfrac{\partial N_i}{\partial z} \end{Bmatrix} \tag{4.19}$$

式中，$[\boldsymbol{J}]$ 为雅可比矩阵。根据坐标变换关系，可得：

$$[\boldsymbol{J}] = \begin{bmatrix} \dfrac{\partial x}{\partial \xi} & \dfrac{\partial y}{\partial \xi} & \dfrac{\partial z}{\partial \xi} \\[2mm] \dfrac{\partial x}{\partial \eta} & \dfrac{\partial y}{\partial \eta} & \dfrac{\partial z}{\partial \eta} \\[2mm] \dfrac{\partial x}{\partial \zeta} & \dfrac{\partial y}{\partial \zeta} & \dfrac{\partial z}{\partial \zeta} \end{bmatrix} = \begin{bmatrix} \sum \dfrac{\partial N_i}{\partial \xi} x_i & \sum \dfrac{\partial N_i}{\partial \xi} y_i & \sum \dfrac{\partial N_i}{\partial \xi} z_i \\[2mm] \sum \dfrac{\partial N_i}{\partial \eta} x_i & \sum \dfrac{\partial N_i}{\partial \eta} y_i & \sum \dfrac{\partial N_i}{\partial \eta} z_i \\[2mm] \sum \dfrac{\partial N_i}{\partial \zeta} x_i & \sum \dfrac{\partial N_i}{\partial \zeta} y_i & \sum \dfrac{\partial N_i}{\partial \zeta} z_i \end{bmatrix} \tag{4.20}$$

对 $[\boldsymbol{J}]$ 求逆后，可得到形函数在整体坐标中的导数为：

$$\begin{Bmatrix} \dfrac{\partial N_i}{\partial x} \\[2mm] \dfrac{\partial N_i}{\partial y} \\[2mm] \dfrac{\partial N_i}{\partial z} \end{Bmatrix} = [\boldsymbol{J}]^{-1} \begin{Bmatrix} \dfrac{\partial N_i}{\partial \xi} \\[2mm] \dfrac{\partial N_i}{\partial \eta} \\[2mm] \dfrac{\partial N_i}{\partial \zeta} \end{Bmatrix} \tag{4.21}$$

采用高斯积分，即可求得单元由损伤引起的额外节点力为：

$$F^* = \int_{-1}^{1}\int_{-1}^{1}\int_{-1}^{1} f(\xi,\eta,\zeta)\,\mathrm{d}\xi\mathrm{d}\eta\mathrm{d}\zeta$$

$$= \sum_{m=1}^{n}\sum_{j=1}^{n}\sum_{i=1}^{n} H_i H_j H_m f(\xi_i,\eta_j,\zeta_m) \tag{4.22}$$

式中，$f(\xi,\eta,\zeta)=[\boldsymbol{B}]^{\mathrm{T}}\psi$；$n$ 为高斯积分点数。

对于待分析的节理岩体开挖工程，首先进行划分单元的离散化处理，建立 FLAC3D 的分析模型，采用线弹性本构关系（岩石）。FLAC3D 每步模拟开挖后，调用 FISH 语言程序读出单元应力，形成数据文件，供采用 Visual Basic 编制的单元有效应力、损伤引起的额外节点力程序模块调用；计算出单元额外节点力后，形成数据文件，调用 FISH 语言程序将损伤引起的额外节点力施加至单元各节点上，重新 FLAC3D 计算至平衡，从而构成 FLAC3D 开挖模拟与损伤计算的耦合分析过程。

（1）读单元应力 FISH 语言程序

```
DEF RWEStress
array EStress(100000)
n = 0
pnt = zone_head
loop while pnt # null
loop m (1,NEP)
n = n + 1
Sigxx = string(z_sxx(pnt))
Sigyy = string(z_syy(pnt))
Sigzz = string(z_szz(pnt))
Sigxy = string(z_sxy(pnt))
Sigyz = string(z_syz(pnt))
Sigxz = string(z_sxz(pnt))
ns = string(n)
EStress(n) = ns + ' ' + Sigxx + ' ' + Sigyy + ' ' + Sigzz + '
            ' + Sigxy + ' ' + Sigyz + ' ' + Sigxz
endloop
pnt = z_next(pnt)
endloop
nf = n
END RWEStress
RWEStress
DEF WFile
status = open('ElementSIG. txt',1,1)
status = write(ESress,nf)
status = close
```

```
END WFile
WFile
RET
```

（2）施加损伤引起的单元节点力 $\{F^*\}$ 的 FISH 语言程序

```
DEF ReadFile
array FAData(20000)
n = NGP
nf = n * 3
status = open('EPointFXYZ. TXT',0,1)
status = Read(FAData,nf)
status = close
END ReadFile
ReadFile


DEF ForceApply
pnt = gp_head
n = 0
loop while pnt # null
ForceX = float(FAData(3 * n + 1))
ForceY = float(FAData(3 * n + 2))
ForceZ = float(FAData(3 * n + 3))
gp_Xload(pnt) = ForceX
gp_Yload(pnt) = ForceY
gp_Zload(pnt) = ForceZ
pnt = gp_next(pnt)
n = n + 1
endloop
END ForceApply
ForceApply
RET
```

4.3　断裂力学与损伤演化

　　岩体中普遍存在有断续的节理。含断续节理的岩体，实质上是含有初始损伤的介质，节理使岩体强度削弱，岩桥则对强度作出贡献。当岩体开挖卸荷时，某些部位的节理其端部高度的应力集中，将导致脆性断裂破坏，结果是其力学性能进一步劣化，即损伤进一步积累。就岩体工程稳定而言，原生节理及其扩展演化效应是应予以高度重视的。岩体在开挖前通常处于多向受压的力学环境中，由于开挖卸荷等原因应力会重新分布，局部可能出现拉剪状态。大量资料表明拉剪裂纹起裂扩展，较压剪裂纹更具有破坏性。因此，尽管在岩体工程中受拉剪作用的节理裂隙相对较少，但也应引起高度重视。本节应用断裂力学理论，从压剪、拉剪两种受力状态出发，研究岩体中裂纹的起裂及扩展长度，建立节理断裂力学模型。

4.3.1　节理裂隙起裂准则

　　节理裂隙在空间的形态一般假设为圆盘状，在外部压应力作用下，空间裂隙首先从其边界某一点起裂，随着分支裂纹长度的增加，分支裂纹进一步沿裂隙的边界扩展，最后在空间形成形态复杂的裂纹。为建立损伤断裂力学模型，许多人对该问题做了假设。Kachanov[9,10]认为，三维问题可看做一系列二维问题的叠加，这样一方面便于数学上的处理分析，另一方面计算所得结果也便于跟大量已获得的实验结果对比。这种处理方法通过大量实践证明是有效可行的。

4.3.1.1　压剪应力状态下分支裂纹起裂准则

　　受压剪作用的节理裂隙，随着外加荷载的增加而经历压紧滑动摩擦、分支裂纹起裂，最终可能导致裂纹贯通，岩体失稳。

　　大量试验结果和理论计算表明：压剪裂纹开始起裂是垂直于最大拉应力方向开裂，即按Ⅰ型扩展的。下面按垂直于最大拉应力方向开裂来建立压剪状态下裂纹起裂准则。

　　在受双向压缩的无限大平板内（图4.1），有一倾斜裂纹，其长度为$2c$，其方位可用θ来表示，θ为σ_1与节理面夹角（应力正负号采用岩石力学中的规定），σ_1为最大压应力，σ_3为最小压应力。

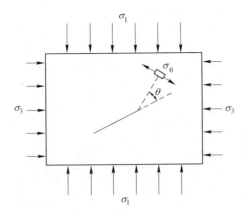

图4.1 压剪状态下裂纹尖端应力场示意图

根据 Ashby M. F. 和 Hallam S. D. 的研究结果[11]，裂纹尖端应力强度因子为：

$$K_I = \frac{3}{2}\tau' \sqrt{\pi C}\sin\theta\cos\frac{\theta}{2} \tag{4.23}$$

式中，$\tau' = \tau - f_s\sigma - C_s$，这里 τ、σ 分别为应力张量在节理面切向及法向的投影；f_s、C_s 分别为节理面的摩擦系数和黏结力。

分支裂纹将沿着使 K_I 最大的方向扩展，因此开裂角 θ 可用下式求得：

$$\frac{\partial K_I}{\partial \theta} = 0 \tag{4.24}$$

由上式求得 $\theta = 70.5°$，因此可得分支裂纹起裂时的应力强度因子为：

$$K_I = \frac{2}{\sqrt{3}}\tau' \sqrt{\pi C} \tag{4.25}$$

当 $K_I > K_{IC}$ 时，分支裂纹开始起裂。

4.3.1.2 拉剪应力状态下分支裂纹起裂准则

如图4.2所示，当 σ_3 为拉应力且裂纹面方向与最大主压应力方向夹角 φ 满足一定条件时，裂纹面将受到拉剪应力作用。这里仍假定 $|\sigma_3| < |\sigma_1|$。

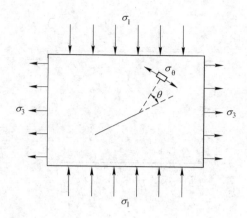

图 4.2　拉剪状态下裂纹尖端应力场示意图

当 σ_3 是拉应力时，裂纹面分开且滑动摩擦力消失，裂纹尖端应力强度因子为：

$$K_{\mathrm{I}} = \frac{3}{2}\sqrt{\pi C}\cos\frac{\theta}{2}\left[\tau\sin\theta - \sigma\cos^2\left(\frac{\theta}{2}\right)\right] \tag{4.26}$$

将上式对 θ 求偏导数并令其等于零，即可得到计算裂纹开裂角 θ_0 的关系式：

$$\sigma\tan\left(\frac{\theta_0}{2}\right) - 2\tau\tan^2\left(\frac{\theta_0}{2}\right) + \tau = 0 \tag{4.27}$$

将由上式得到的 θ_0 代入式（4.26）中，即可得到拉剪应力状态下支裂纹开始起裂时的应力强度因子，即

$$K_{\mathrm{I}} = \frac{3}{2}\sqrt{\pi C}\cos\frac{\theta_0}{2}\left[\tau\sin\theta_0 - \sigma\cos^2\left(\frac{\theta_0}{2}\right)\right] \tag{4.28}$$

当 $K_{\mathrm{I}} > K_{\mathrm{IC}}$ 时，分支裂纹开始起裂。

4.3.2　裂纹扩展方向

压剪应力状态下的原生裂纹起裂后的扩展方向问题，大量实验和理论计算表明，在压缩条件下，尤其是当围压较小时，脆性岩石的微观破坏机制呈轴向劈裂，即微裂纹沿最大压应力的方向扩展[12]。

拉剪应力状态下的原生裂纹起裂后的扩展方向问题，试验研

究表明[13]，当试件一个方向的拉应力小于另一个方向的压应力值时，支裂纹起裂后仍趋于最大压应力方向，即裂纹最终与拉应力方向基本垂直，亦即当分支裂纹形成后，逐渐向垂直于拉应力的方向发展。

4.3.3 分支裂纹扩展长度

4.3.3.1 压剪应力状态下分支裂纹扩展长度

当外力 σ_1、σ_3 达到一定值时，原生裂纹面压紧滑动，并在尖端形成分支裂纹。其过程如图 4.3 所示，扩展支裂纹理想化为直线型并且平行于最大压应力方向。

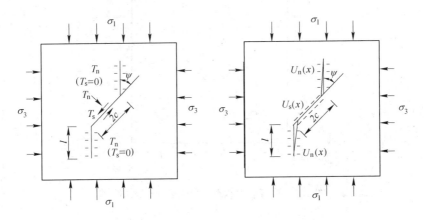

图 4.3　压剪应力状态下分支裂纹扩展示意图

节理面上的驱动力 $T_s^{(原)}$ 和法向力 $T_n^{(原)}$ 为：

$$\left.\begin{array}{l} T_s^{(原)} = \tau - \sigma f_s - C_s \\ T_n^{(原)} = \sigma \end{array}\right\} \tag{4.29}$$

支裂纹上的牵引力为

$$\left.\begin{array}{l} T_s^{(支)} = 0 \\ T_n^{(支)} = \sigma_3 \end{array}\right\} \tag{4.30}$$

根据 Ashby M. F. 和 Hallam S. D. 的研究结果，可求得分支裂纹增长过程中的应力强度因子为：

$$K_{\mathrm{I}} = \frac{\sqrt{\pi c}}{\sqrt{(1+L)^3}} \left(\frac{2}{\sqrt{3}} T_{\mathrm{s}}^{(\text{原})} - \frac{\sigma_3 L}{B_{\mathrm{n}}} \right) \left(B_{\mathrm{n}} L + \frac{1}{\sqrt{1+L}} \right) \qquad (4.31)$$

式中，$L = l/c$，l 为分支裂纹长度；c 为节理半长。

当 K_{I} 降至 K_{IC} 时，裂纹便停止扩展。这样即可求得分支裂纹长度 l。

4.3.3.2 拉剪应力状态下分支裂纹扩展长度

当节理面受到图 4.4 所示的外力时，裂纹容易起裂扩展，分支裂纹会沿着 σ_1 方向延伸扩展，扩展模式如图 4.4 所示。

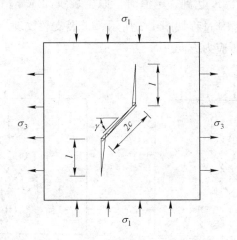

图 4.4 拉剪应力状态下分支裂纹扩展示意图

假设节理面与 σ_3 方向成 γ 角（图 4.4），根据 Kemeny J. 和 Cook N. G. W. 的研究结果[14]，分支裂纹尖端的应力强度因子可近似为：

$$K_{\mathrm{I}} = \frac{5.18C(T_{\mathrm{s}}^{(\text{原})}\cos\gamma + \sigma_3\sin\gamma)}{\sqrt{\pi l}} + 1.12\sigma_3\sqrt{\pi l} \qquad (4.32)$$

当裂纹稳定扩展时，令 K_{I} 满足式：

$$K_{\mathrm{I}} = K_{\mathrm{IC}} \qquad (4.33)$$

则可求得分支裂纹长度 l。

4.3.4 延展后的节理的等效模型

翼形分支裂纹随荷载的增加逐渐沿平行最大主应力的方向稳定扩

展，依据线弹性断裂力学理论而得到的式（4.31）和式（4.32），可分别计算出节理在二维压剪应力状态下和拉剪应力状态下的分支裂纹扩展长度 l，根据原生节理面的倾向、倾角及三维应力状态，即可建立原生节理延展后的节理等效模型。

当翼形分支裂纹扩展长度 l 较长时（$l \geqslant c$），节理延展后的长度即节理圆盘直径可近似为：$D = 2(c+l)$；延展后节理的倾向与倾角按分支裂纹确定。

当翼形分支裂纹扩展长度 l 较小时（$l < c$），节理延展后的长度，即节理圆盘直径可近似为：$D = 2(c+l)$；延展后的节理倾向及倾角与原生节理相同。

根据原生节理延展后的节理圆盘直径、倾向和倾角，利用三维节理网络计算机模拟技术，即可得出在一定应力状态下岩体中节理断裂延展后的损伤张量，进而分析研究节理岩体的损伤演化规律。

4.4 损伤演化模拟步骤

以 FLAC3D 软件为基础平台，综合应用损伤力学的有效应力理论、断裂力学理论、有限单元法分析技术和三维节理网络模拟技术，采用 Visual Basic 语言编制计算程序，两者耦合分析，即可建立模拟露天矿边坡节理岩体在采场开挖卸荷条件下损伤演化的分析模型和程序。其模拟方法及步骤如下：

（1）根据露天矿边坡的几何形态、岩性赋存条件建立 FLAC3D 的三维计算模型，单元为六面体，本构模型为线弹性，参数取岩石试验指标。

（2）利用 FLAC3D 计算未开挖条件下的岩体初始应力场。

（3）应用 FISH 语言程序读出每个单元的三维应力，形成数据文件。

（4）根据单元应力、初始损伤张量计算单元有效应力，进而计算由损伤引起的单元额外节点力并形成数据文件。

（5）从数据文件读出由损伤引起的单元额外节点力，利用 FISH 语言程序施加于 FLAC3D 计算模拟的每个单元节点上。

（6）应用 FLAC3D 计算至平衡，从而得出考虑初始损伤的节理岩体初始应力场。

（7）利用 FLAC3D 进行露天矿的开挖模拟，对于每一步开挖，完成以下（8）~（12）的各步计算模拟，直至模拟开挖结束。

（8）应用 FISH 语言程序读出每个单元的三维应力，形成数据文件。

（9）若考虑节理岩体损伤的开裂扩展，对每一单元，应用三维节理网络模拟技术进行相应损伤状态子样的节理抽样模拟，每一节理圆盘依据单元应力状态、节理面强度及断裂韧度计算延展后的节理圆盘参数及损伤张量，经累计得出节理延展后的单元的损伤张量；若不考虑节理岩体损伤的扩展，单元的损伤张量为初始损伤张量。

（10）根据单元应力、损伤张量计算单元有效应力，进而计算由损伤引起的单元额外节点力并形成数据文件。

（11）从数据文件读出由损伤引起的单元额外节点力，利用 FISH 语言程序施加于每个单元的节点上。

（12）应用 FLAC3D 计算至不平衡力满足精度要求，若模拟开挖结束，则终止计算；否则重复（8）~（12）步。

4.5 本章小结

以 FLAC3D 为基础平台，综合应用损伤力学的有效应力原理、断裂力学理论和三维节理网络模拟等理论与方法，建立了三维节理岩体损伤演化的耦合分析模型及应用程序，使节理岩体损伤断裂分析与岩体边坡开挖数值模拟有机地结合在一起，为研究探讨节理岩体边坡损伤演化规律提供了一种方便实用的方法。

5 边坡岩体采动损伤与稳定分析

5.1 FLAC 建模与开采模拟

鞍钢眼前山铁矿南帮边坡坡顶标高 +105m，采场底标高 -195m，最终边坡高度 300m。根据分析研究，将南帮边坡离散为如图 5.1 所示的三维计算模型，模拟开挖分为 +21m、-3m、-51m、-99m、-147m 和 -195m 六步，+21m 水平布置有铁路干线和站场，采场下部的矿岩均经 +21m 铁路运出采场，服务至矿山开采结束，是眼前山铁矿的咽喉要道，为此眼前山铁矿南帮边坡模拟开挖后，主要针对

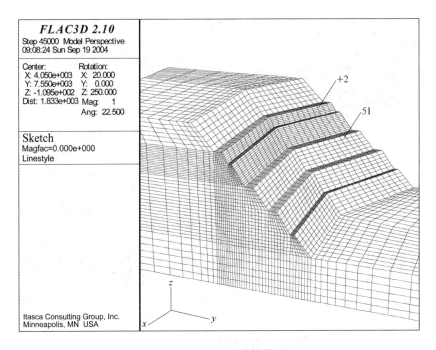

图 5.1　FLAC3D 计算模型

+21m～-51m 之间的节理岩体进行开挖卸荷损伤演化规律的研究，并进一步探讨 +21m 铁路路基边坡的稳定性及可靠性的动态变化规律。FLAC3D 模拟分析采用线弹性模型，混合岩弹性模量 28812MPa，泊松比 0.2，密度 2750kg/m³，抗压强度 103MPa。节理损伤演化分析采用的参数为：节理面强度 $C = 10$kPa，$\varphi = 20°$，断裂韧度均值为 0.2MN/m$^{3/2}$，标准差 0.05MN/m$^{3/2}$，A 区及 B 区的岩体初始损伤张量的均值及标准差见第 3 章表 3.1，概率损伤演化分析仅将断裂韧度和初始损伤张量作为随机变量。

眼前山铁矿南帮边坡的 FLAC3D 及损伤演化模拟分六步开挖进行，模拟开采至 -195m 水平，即露天矿开采结束时，其边坡体内的三维主应力 σ_1、σ_3 分布见图 5.2 和图 5.3，剖面 A 和剖面 B（分别布置在 A 区和 B 区的中部）+21m 水平至 -51m 水平的最小主应力 σ_3 分布见图 5.4 和图 5.5。

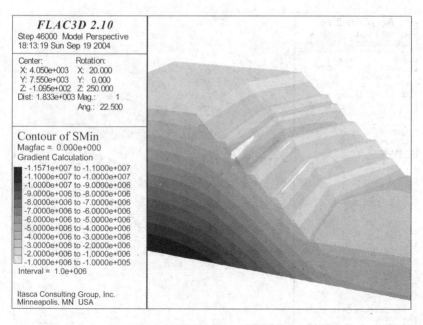

图 5.2　边坡岩体应力 σ_1 分布图

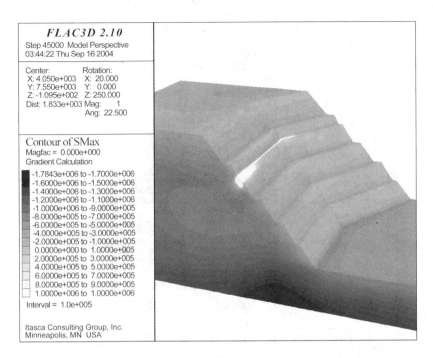

FLAC3D 2.10

Step 45000 Model Perspective
03:44:22 Thu Sep 16 2004

Center: Rotation:
X: 4.050e+003   X: 20.000
Y: 7.550e+003   Y: 0.000
Z: -1.095e+002 Z: 250.000
Dist: 1.833e+003 Mag: 1
                Ang: 22.500

Contour of SMax
Magfac = 0.000e+000
Gradient Calculation

-1.7843e+006 to -1.7000e+006
-1.6000e+006 to -1.5000e+006
-1.4000e+006 to -1.3000e+006
-1.2000e+006 to -1.1000e+006
-1.0000e+006 to -9.0000e+005
-8.0000e+005 to -7.0000e+005
-6.0000e+005 to -5.0000e+005
-4.0000e+005 to -3.0000e+005
-2.0000e+005 to -1.0000e+005
0.0000e+000 to 1.0000e+005
2.0000e+005 to 3.0000e+005
4.0000e+005 to 5.0000e+005
6.0000e+005 to 7.0000e+005
8.0000e+005 to 9.0000e+005
1.0000e+006 to 1.0000e+006

Interval = 1.0e+005

Itasca Consulting Group, Inc.
Minneapolis, MN USA

图 5.3　边坡岩体应力 σ_3 分布图

A 区边坡在采场空间几何形态上属平直型，模拟开采至 -195m 时 A 剖面在 +21 ~ -51m 之间出现两处拉应力区。+21m 铁路平台坡顶处拉应力区，高程 +21 ~ +11m，高度 10m，与坡面距离 5.8 ~ 11.5m，各水平拉应力峰值 22 ~ 291kPa；-3m 安全平台下部的拉应力区在标高 -3 ~ -25m 之间，高度 22m，与坡面距离 10.5 ~ 18.9m，各水平拉应力峰值为 131 ~ 3730kPa，出现在距坡面 5.7 ~ 12.1m，较高的拉应力值对 -3m 安全平台稳定性影响较大，事实上 -3m 安全平台已大部分滑落。

B 区边坡模拟开采至 -195m 水平时仅在 -3m 安全平台下部出现较小的拉应力区，且拉应力值较小，B 剖面 -9m 水平处拉应力值仅为 124kPa。

边坡各平台坡脚处均出现了不同程度的应力集中现象。

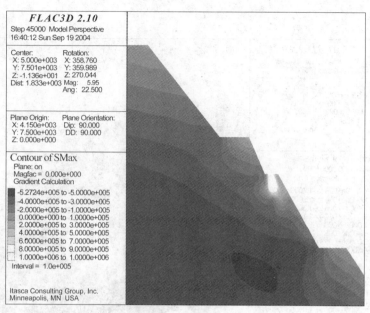

图 5.4   A 剖面最小主应力 σ_3 分布图

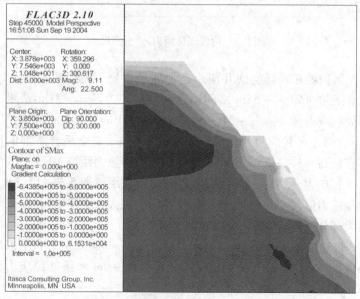

图 5.5   B 剖面最小主应力 σ_3 分布图

5.2 边坡岩体采动损伤与演化

露天矿高陡边坡的开挖进程,地应力释放量大,卸荷量级高,卸荷范围宽,节理岩体的损伤具有渐近累加的特点。露天矿边坡的形成是一个比较漫长的动态时空开挖过程,露天矿的开采通常要求矿石产量稳定,剥采比均衡,矿山的年下降速度基本保持一定,因此可用开采所至的采场标高表征矿山开采的时间进程,研究探讨岩体随采场下降的损伤演化规律。

采用FLAC3D与损伤断裂理论模拟眼前山铁矿的开采进程[15],首先进行初始应力场的计算,然后按 $+21m$、$-3m$、$-51m$、$-99m$、$-147m$ 及 $-195m$ 分六步模拟开挖至矿山开采结束,在每一步开挖后利用 FLAC3D 的 FISH 语言程序读出各单元的应力,对每一单元进行三维节理网络模拟,在模拟过程中根据单元应力状态分析计算节理的延展及损伤张量,依据各单元计算出的损伤张量和有效应力原理,计算出每个单元的额外节点力,再利用 FISH 语言程序将额外节点力施加到单元的每个节点上,再进行下一步的模拟开挖,整个模拟过程即可得出不同开采阶段边坡内岩体各单元的损伤张量。为便于分析,定义损伤张量的三个主值的平均值为损伤度 D,以表征岩体的损伤程度,A 区和 B 区 $+21 \sim -51m$ 水平之间的边坡岩体在采场开采至 $-3m$、$-51m$、$-99m$、$-147m$ 及 $-195m$ 时损伤度 D 与边坡坡面距离的关系曲线如图 5.6 ~ 图 5.41 所示。

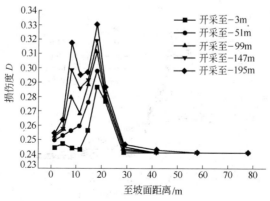

图 5.6　A 剖面 +19m 水平损伤曲线

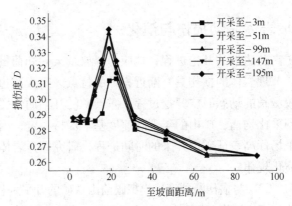

图 5.7　B 剖面 +19m 水平损伤曲线

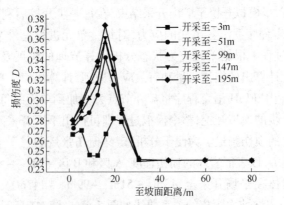

图 5.8　A 剖面 +15m 水平损伤曲线

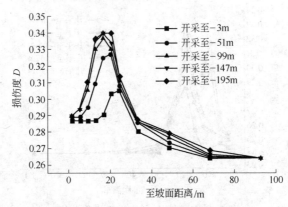

图 5.9　B 剖面 +15m 水平损伤曲线

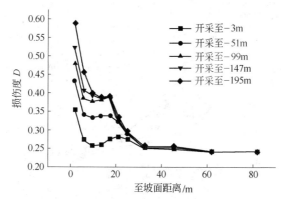

图 5.10　A 剖面 +11m 水平损伤曲线

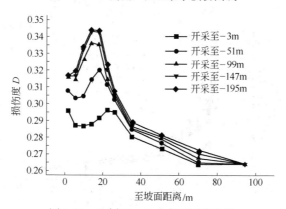

图 5.11　B 剖面 +11m 水平损伤曲线

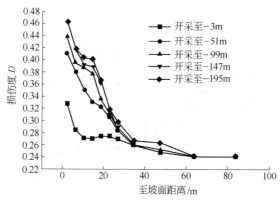

图 5.12　A 剖面 +7m 水平损伤曲线

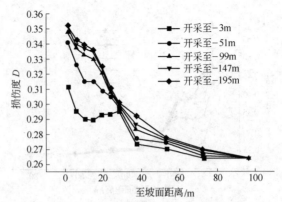

图 5.13   B 剖面 +7m 水平损伤曲线

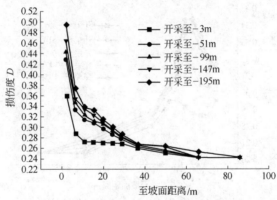

图 5.14   A 剖面 +3m 水平损伤曲线

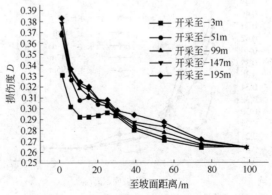

图 5.15   B 剖面 +3m 水平损伤曲线

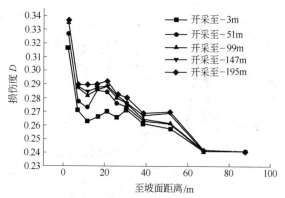

图 5.16 A 剖面 -1m 水平损伤曲线

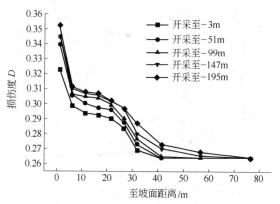

图 5.17 B 剖面 -1m 水平损伤曲线

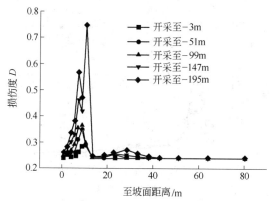

图 5.18 A 剖面 -5m 水平损伤曲线

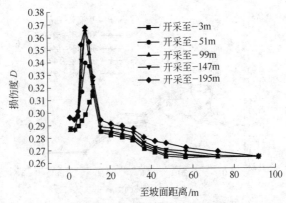

图 5.19   B 剖面 –5m 水平损伤曲线

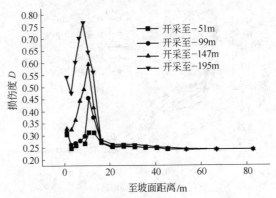

图 5.20   A 剖面 –9m 水平损伤曲线

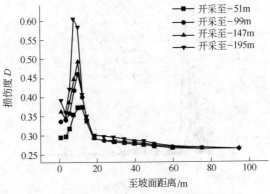

图 5.21   B 剖面 –9m 水平损伤曲线

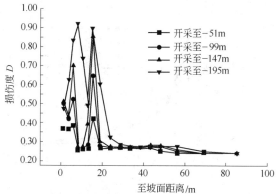

图 5.22　A 剖面 -13m 水平损伤曲线

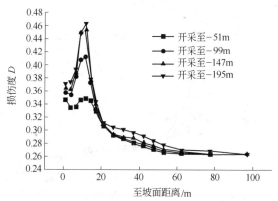

图 5.23　B 剖面 -13m 水平损伤曲线

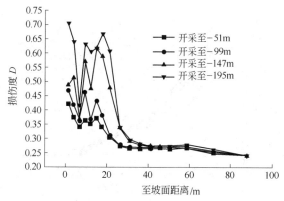

图 5.24　A 剖面 -17m 水平损伤曲线

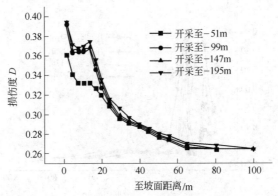

图 5.25 B 剖面 − 17m 水平损伤曲线

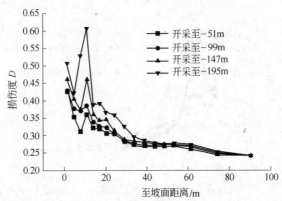

图 5.26 A 剖面 − 21m 水平损伤曲线

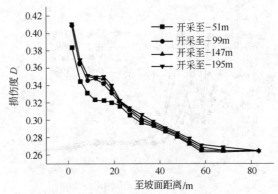

图 5.27 B 剖面 − 21m 水平损伤曲线

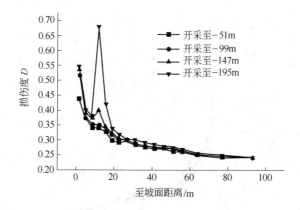

图 5.28　A 剖面 – 25m 水平损伤曲线

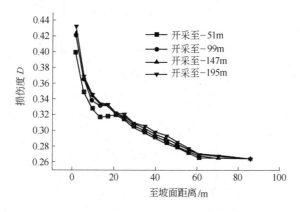

图 5.29　B 剖面 – 25m 水平损伤曲线

归纳分析不同开采阶段 A 剖面和 B 剖面边坡节理岩体的损伤演化曲线（图 5.6 ~ 图 5.41），从中可以得出以下几点规律：

（1）根据损伤度（D）峰值的位置，损伤曲线可分为两种类型：损伤度峰值在坡面处和坡面以内，损伤度峰值离坡面有一段距离的原因主要与应力松弛有关。

损伤是不可逆的热力学过程，眼前山铁矿的实际开采是按 12m 段高逐渐推进靠帮的，与数值模拟的数台阶一次性开挖情况不同，模拟出现的损伤峰值点与坡面间的岩体随着边坡面的推进都经历了峰值

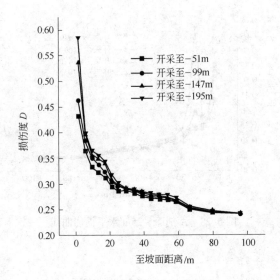

图 5.30　A 剖面 -29m 水平损伤曲线

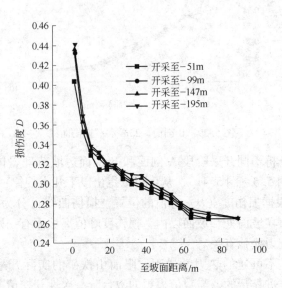

图 5.31　B 剖面 -29m 水平损伤曲线

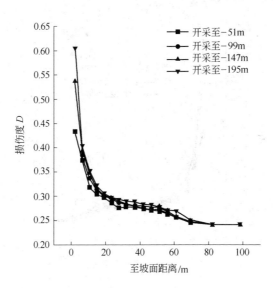

图 5.32 A 剖面 -33m 水平损伤曲线

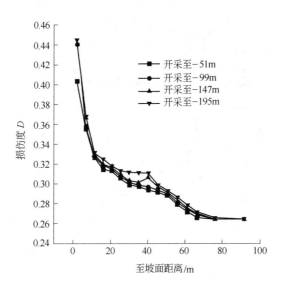

图 5.33 B 剖面 -33m 水平损伤曲线

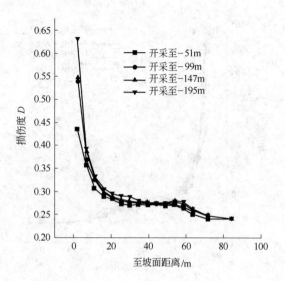

图 5.34　A 剖面 −37m 水平损伤曲线

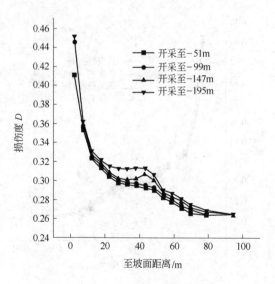

图 5.35　B 剖面 −37m 水平损伤曲线

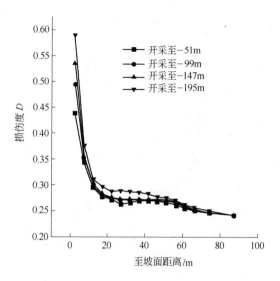

图 5.36 A 剖面 -41m 水平损伤曲线

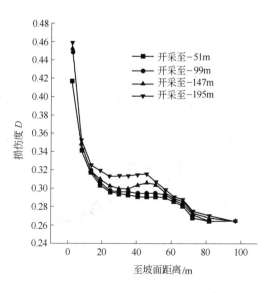

图 5.37 B 剖面 -41m 水平损伤曲线

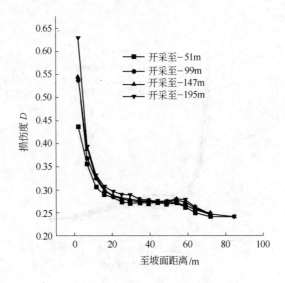

图 5.38　A 剖面 -45m 水平损伤曲线

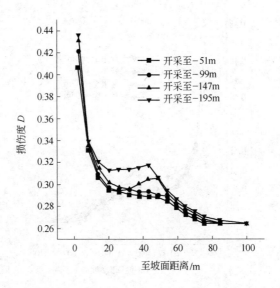

图 5.39　B 剖面 -45m 水平损伤曲线

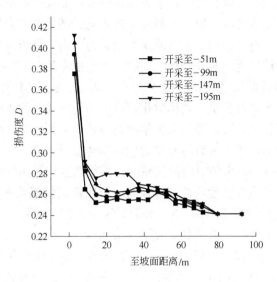

图 5.40　A 剖面 - 49m 水平损伤曲线

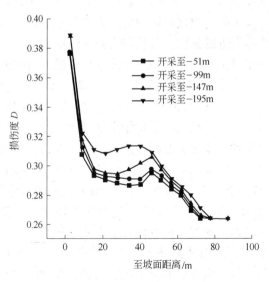

图 5.41　B 剖面 - 49m 水平损伤曲线

处的应力历史，也就是都曾经达到损伤峰值；而损伤是不可逆的，岩石材料一旦发生裂隙扩展、开裂这样的劣化，即使在应力松弛之后也不能够恢复原有的结构，达到原来的承载力。为了分析方便，把峰值点之前的区域称为"损伤前区"，把峰值点之后直到没有损伤的区域称为"损伤后区"，用到坡面距离（m）表示。在损伤前区，岩体的损伤量都应为峰值数量，岩体劣化到峰值损伤所代表的程度。在损伤后区，岩石损伤量逐渐降至无力学损伤。表5.1和表5.2汇总了A区和B区+21m水平与-51m水平之间的岩体在开采至-51m、-99m、-147m和-195m水平时的损伤峰值、损伤前区和损伤后区的有关数据。A区和B区损伤度峰值离坡面有一段距离的情况均发生在+21m水平24m宽的铁路平台和-3m水平10m宽的安全平台下部大约12m深的位置。A区损伤前区的宽度在+21m平台附近为16.1~18.1m，-3m平台附近为8.3~15.3m。B区损伤前区的宽度在+21m平台附近为18~20.7m，-3m平台附近为8.3~12.3m，峰值点与坡面的距离大约等于+21m或-3m平台宽度。损伤区的宽度总体上为60~100m，其趋势随采深增大而增大。

（2）露天矿边坡的形成是伴随采矿生产自始至终的漫长过程，矿山工程的每步下降，边坡岩体内的应力都产生重新分布，节理岩体的损伤都会产生渐近的累积，其损伤度亦逐渐增大。表5.3给出的眼前山铁矿每一步模拟开挖后，相对于前一步开挖的南帮边坡岩体的损伤度 D 的增长百分率，定量展示了这一规律，其中+21~-3m水平岩体对于开挖至-3m标高和-3~-51m水平岩体开挖至-51m标高时的损伤度增长百分率是相对于初始损伤度而言的。

对于眼前山铁矿南帮边坡的模拟分析，边坡初形成时岩体损伤度的增长率最高，A区+21~-3m之间的岩体为18.48%~49.53%，B区为13.40%~26.87%；A区-3~-51m之间的岩体为21.39%~83.52%，B区为8.51%~59.84%。随采深的增加，边坡岩体的损伤逐渐增加，但其增长的百分率总体上呈下降趋势。

（3）初始状态的岩体常处于多向受压的力学环境中，但由于开挖卸荷等原因，也会引起局部拉剪状态。处于拉剪应力状态下裂纹的起裂扩展，较压剪状态下的裂纹更具有破坏性。A区在+21m铁路平

台和 -3m 安全平台下部拉应力区内的岩体损伤大幅急剧增加，正体现了这一特点。

（4）节理岩体的初始损伤由节理的三维分布所决定，岩体开挖后，节理的延展、岩体损伤的演化由岩体内三维应力的重新分布所控制。图 5.42 ～ 图 5.49 示意了采场开挖至 -195m 时 A 区和 B 区 +19m、+3m、-5m 和 -29m 水平岩体损伤度 D 与主应力 σ_1、σ_2、σ_3 和 $\sigma_1 - \sigma_3$ 的关系，σ_3 为负值或 $\sigma_1 - \sigma_3$ 较大时，损伤度 D 较大，对损伤度 D 的变化起主要作用，同时亦受主应力 σ_1、σ_2、σ_3 大小的影响。

（5）A 区节理岩体初始损伤度 D_0 为 0.238，B 区节理岩体初始损伤度 D_0 为 0.264，B 区岩体节理发育，初始损伤程度大于 A 区。在 +21 ～ -3m 水平之间的岩体，由于 A 区出现了两处较大的拉应力区等不利应力状态，其开挖至 -51m、-99m、-147m 和 -195m 时的岩体损伤度峰值明显大于 B 区，A 区分别为 0.2981 ～ 0.4382、0.3115 ～ 0.6485、0.3190 ～ 0.8544 和 0.3309 ～ 0.9213，B 区分别为 0.3203 ～ 0.4172、0.3363 ～ 0.4622、0.3399 ～ 0.4909 和 0.3399 ～ 0.6050。由此可见，岩体开挖工程的稳定性评价，不仅要重视岩体的初始损伤状态，更要重视岩体开挖而应力重新分布后损伤的演化及强度变化。

（6）通过岩体损伤演化的数值模拟分析，可以建立露天矿不同开采阶段的边坡岩体的三维损伤场，使稳定性和可靠性的动态评价成为可能。

表 5.1 A 区岩体损伤分布数据

岩体标高/m	采至 -51m 水平			采至 -99m 水平			采至 -147m 水平			采至 -195m 水平		
	损伤峰值	损伤前区	损伤后区	损伤峰值	损伤前区	损伤后区	损伤峰值	损伤前区	损伤后区	损伤峰值	损伤前区	损伤后区
19	0.2981	18.1	41.7	0.3115	18.1	41.7	0.3190	18.1	41.7	0.3309	18.1	57.8
15	0.3422	16.1	30.7	0.3568	16.1	30.7	0.3620	16.1	43.7	0.3740	16.1	43.7
11	0.4321	0	61.8	0.4789	0	61.8	0.5225	0	61.8	0.5903	0	61.8

续表 5.1

岩体标高/m	采至-51m水平			采至-99m水平			采至-147m水平			采至-195m水平		
	损伤峰值	损伤前区	损伤后区	损伤峰值	损伤前区	损伤后区	损伤峰值	损伤前区	损伤后区	损伤峰值	损伤前区	损伤后区
7	0.4105	0	63.8	0.4364	0	63.8	0.4597	0	63.8	0.4605	0	63.8
3	0.4280	0	65.8	0.4437	0	65.8	0.4631	0	65.8	0.4927	0	86
-1	0.3273	0	67.8	0.3350	0	67.8	0.3354	0	67.8	0.3363	0	88
-5	0.3495	8.9	13.7	0.3658	8.9	28.3	0.7449	10.5	38	0.7486	10.5	42.9
-9	0.3157	10.9	45.5	0.4561	10.9	53.6	0.5936	10.9	66.6	0.7687	8.9	66.6
-13	0.4225	15.3	56.2	0.6485	15.3	69.0	0.8544	15.3	69.2	0.9213	8.3	85.3
-17	0.4250	0	87.8	0.4680	0	87.8	0.6161	14.9	87.8	0.7070	0	87.8
-21	0.4241	0	90.4	0.4285	0	90.4	0.4601	0	90.4	0.6075	10.8	90.4
-25	0.4366	0	93	0.5164	0	93	0.5355	0	93	0.6826	12.1	93
-29	0.4331	0	95.6	0.4622	0	95.6	0.5360	0	95.6	0.5847	0	95.6
-33	0.4342	0	82.1	0.5367	0	82.1	0.5371	0	82.1	0.6059	0	82.1
-37	0.4368	0	71.7	0.5378	0	84.7	0.5460	0	84.7	0.6297	0	84.7
-41	0.4382	0	87.2	0.4967	0	87.2	0.5353	0	87.2	0.5887	0	87.2
-45	0.4367	0	76.8	0.5045	0	76.8	0.5284	0	76.8	0.6549	0	76.8
-49	0.3751	0	79.4	0.3945	0	79.4	0.4047	0	79.4	0.4128	0	79.4

表 5.2　B 区岩体损伤分布数据

岩体标高/m	采至-51m水平			采至-99m水平			采至-147m水平			采至-195m水平		
	损伤峰值	损伤前区	损伤后区	损伤峰值	损伤前区	损伤后区	损伤峰值	损伤前区	损伤后区	损伤峰值	损伤前区	损伤后区
19	0.3332	19.1	66.3	0.3423	19.1	90.5	0.3438	19.1	90.5	0.3450	19.1	90.5
15	0.3267	20.7	92.5	0.3366	16.8	92.5	0.3399	16.8	92.5	0.3399	20.7	92.5
11	0.3203	18	94.5	0.3363	13.9	94.5	0.3435	13.9	94.5	0.3439	13.9	94.5
7	0.3409	0	96.5	0.3477	0	96.5	0.3513	0	96.5	0.3516	0	96.5
3	0.3677	0	98.5	0.3689	0	98.5	0.3782	0	98.5	0.3827	0	98.5
-1	0.3396	0	56.8	0.3448	0	56.8	0.3450	0	76.3	0.3520	0	76.3

续表5.2

岩体标高/m	采至 -51m 水平			采至 -99m 水平			采至 -147m 水平			采至 -195m 水平		
	损伤峰值	损伤前区	损伤后区	损伤峰值	损伤前区	损伤后区	损伤峰值	损伤前区	损伤后区	损伤峰值	损伤前区	损伤后区
-5	0.3402	8.3	72.1	0.3661	8.3	72.1	0.3670	8.3	91.6	0.3677	8.3	91.6
-9	0.3742	12.3	74.9	0.4622	10.1	74.9	0.4909	10.1	94.4	0.6050	7.8	94.4
-13	0.3481	11.9	77.7	0.4120	11.9	77.7	0.4539	11.9	77.7	0.4638	11.9	97.2
-17	0.3615	0	80.4	0.3916	0	80.4	0.3938	0	80.4	0.3942	0	99.9
-21	0.3834	0	67.7	0.4085	0	67.7	0.4098	0	83.2	0.4108	0	83.2
-25	0.3986	0	70.5	0.4210	0	70.5	0.4222	0	86	0.4318	0	86
-29	0.4033	0	73.3	0.4324	0	73.3	0.4355	0	88.8	0.4408	0	88.8
-33	0.4030	0	76.1	0.4403	0	76.1	0.4404	0	76.1	0.4444	0	91.6
-37	0.4110	0	78.9	0.4463	0	78.9	0.4483	0	94.4	0.4510	0	94.4
-41	0.4172	0	81.6	0.4487	0	81.6	0.4519	0	97.1	0.4594	0	97.1
-45	0.4066	0	74.9	0.4214	0	84.4	0.4314	0	84.4	0.4361	0	99.9
-49	0.3768	0	72.4	0.3777	0	77.7	0.3884	0	77.7	0.3887	0	77.7

表5.3 边坡分步开挖的岩体损伤度增长百分率 （%）

岩体标高/m	A 区模拟开采水平					B 区模拟开采水平				
	-3m	-51m	-99m	-147m	-195m	-3m	-51m	-99m	-147m	-195m
19	20.79	3.68	4.49	2.40	3.73	20.11	6.28	2.73	0.43	0.34
15	18.48	21.34	4.26	1.45	3.314	16.81	7.14	3.03	0.98	0
11	49.53	21.41	10.83	9.10	12.97	13.40	8.20	4.99	2.14	0.11
7	38.23	24.77	6.30	5.33	0.17	19.31	9.47	1.99	1.03	0.08
3	51.17	18.95	3.66	4.37	6.39	26.78	11.12	0.32	2.521	1.18
-1	33.10	3.31	2.35	0.11	0.26	23.56	5.30	1.53	0.05	2.02
-5		21.39	4.66	103.63	0.49		8.51	7.61	0.24	0.19
-9		32.64	44.47	30.14	29.49		43.37	23.51	6.20	23.24

续表 5.3

岩体标高/m	A区模拟开采水平					B区模拟开采水平				
	-3m	-51m	-99m	-147m	-195m	-3m	-51m	-99m	-147m	-195m
-13		77.52	53.49	31.75	7.83		33.37	18.35	10.16	2.18
-17		78.57	10.11	31.64	14.75		38.50	8.32	0.56	0.10
-21		78.19	1.03	7.37	32.03		46.89	6.54	0.31	0.24
-25		83.44	18.27	3.69	27.46		52.72	5.61	0.28	2.27
-29		81.97	6.71	15.96	9.08		54.52	7.21	0.71	1.21
-33		82.43	23.60	0.07	12.80		54.40	9.25	0.02	0.90
-37		83.52	23.12	1.52	15.32		57.47	8.58	0.44	0.60
-41		84.11	13.35	7.77	9.97		59.84	7.55	0.71	1.65
-45		83.48	15.52	4.73	23.94		55.78	3.63	2.37	1.08
-49		57.60	5.17	2.58	2.00		44.36	0.23	2.83	0.07

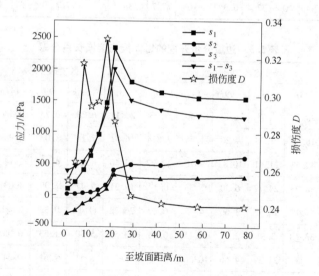

图 5.42 A 剖面 +19m 应力与损伤度曲线

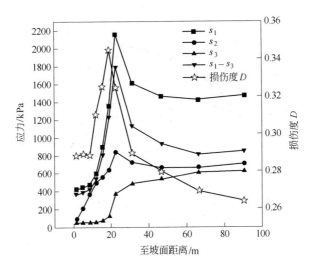

图 5.43 B 剖面 + 19m 应力与损伤度曲线

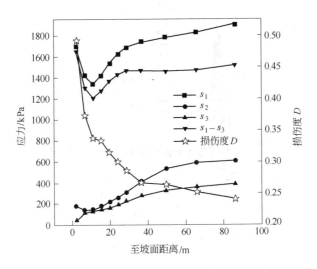

图 5.44 A 剖面 + 3m 应力与损伤度曲线

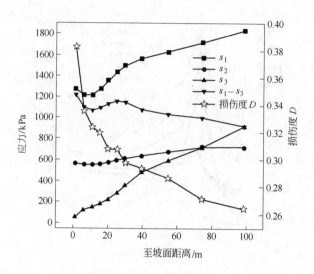

图 5.45　B 剖面 + 3m 应力与损伤度曲线

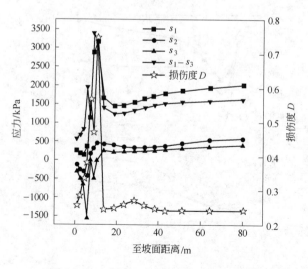

图 5.46　A 剖面 – 5m 应力与损伤度曲线

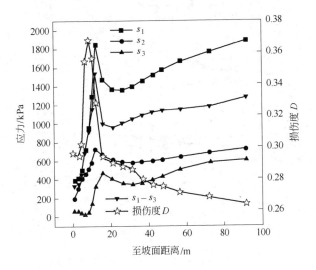

图 5.47 B 剖面 -5m 应力与损伤度曲线

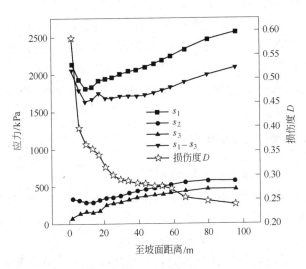

图 5.48 A 剖面 -29m 应力与损伤度曲线

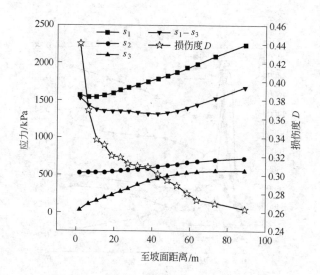

图 5.49   B 剖面 - 29m 应力与损伤度曲线

5.3   节理岩体强度与采动损伤

岩体材料的强度是一种重要的力学性质，许多学者对岩体的破坏准则做了大量的研究。古典的破坏准则有著名的 Griffith 准则、Coulumg-Mohr 准则和 Misses 准则等，这些破坏准则一般是由金属材料的研究而提出来的，在预测岩体特性方面都存在特定的条件。目前岩土工程中应用较多的准则有 Coulumg-Mohr 准则、Hoek-Brown 准则和 Drucker-Prager 准则。

5.3.1   岩体常用的破坏准则

5.3.1.1   Coulumg-Mohr 准则

假设材料的破坏取决于剪应力和正应力的联合作用，破坏准则可用下式表示：

$$\tau = C + \sigma \tan\varphi \qquad (5.1)$$

式中，C 为岩石（体）的黏聚力；φ 为岩石（体）的内摩擦角；τ 为剪应力；σ 为正应力。

当用正应力 σ_1 和 σ_3 表示时，其破坏准则为：

$$\frac{\sigma_1 - \sigma_3}{\sigma_1 + \sigma_3 + 2C\cot\varphi} = \sin\varphi \tag{5.2}$$

5.3.1.2 Drucker-Prager 准则

假设材料的破坏取决于第一应力不变量和第二应力不变量，即破坏准则为：

$$\alpha I_1 + \sqrt{J_2} = k \tag{5.3}$$

式中，I_1 为第一应力不变量；J_2 为第二应力不变量；α，k 为材料常数。

5.3.1.3 Hoek-Brown 准则

Hoek 和 Brown 通过研究以往的破坏准则，并总结多年在岩体性态方面的理论和实践经验，建立了岩体时的主应力之间的关系式：

$$\sigma_1 = \sigma_3 + \sqrt{m\sigma_c\sigma_3 + s\sigma_c^2} \tag{5.4}$$

式中，σ_1 为岩体破坏时的最大主应力；σ_3 为作用在岩体上的最小主应力；σ_c 为完整岩石的单轴抗压强度；m、s 为岩体材料常数，取决于岩体性质。

岩体材料参数 m、s 可以由 RMR 分类系统评分值确定：

（1）对于扰动岩体：

$$m = m_i \mathrm{e}^{\frac{RMR-100}{14}} \tag{5.5}$$

$$s = \mathrm{e}^{\frac{RMR-100}{6}} \tag{5.6}$$

（2）对于未扰动岩体：

$$m = m_i \mathrm{e}^{\frac{RMR-100}{28}} \tag{5.7}$$

$$S = \mathrm{e}^{\frac{RMR-100}{9}} \tag{5.8}$$

式中，m_i 为完整岩石的 m 值，可由三轴试验的结果确定。

根据已知的岩体材料参数 m、s，便可较方便地确定 Coulumg-Mohr 准则中的岩体强度参数：黏聚力 C 和内摩擦角 φ。首先假定滑动面

上的正应力 σ_n，然后按如下方法进行：

$$\begin{cases} h = 1 + \dfrac{16(m\sigma_n + s\sigma_c)}{3m^2\sigma_c} \\ \theta = \dfrac{90° + \arctan(1/\sqrt{h^3-1})}{3} \\ \varphi = \arctan\left(\dfrac{1}{\sqrt{4h\cos^2\theta - 1}}\right) \\ \tau = \dfrac{(\cot\varphi - \cos\varphi)m\sigma_c}{8} \\ C = \tau - \sigma_n\tan\varphi \end{cases} \tag{5.9}$$

目前在岩体力学研究中，Hoek-Brown 准则应用较多。该准则得到了各国学者的普遍认同，但在进行工程稳定性分析时通常换算为 Coulumg-Mohr 准则的岩体强度参数，即黏聚力 C 和内摩擦角 φ。

5.3.2 节理岩体强度与损伤演化

在漫长的地质历史条件下，岩石受各种各样的构造作用，从而产生了众多形态各异、大小不等的多种结构面，构成了节理岩体的初始损伤。在节理岩体中进一步完成工程开挖时，应力产生重新分布，外荷的进一步作用，在一定程度上控制岩体力学性质的节理面的延展、交汇，使得岩体的性质进一步劣化，强度降低。在第 4 章的研究中，通过采用 FLAC3D 模拟、三维节理网络模拟及节理在压剪、拉剪应力状态下的断裂力学分析，研究探讨了眼前山铁矿三维边坡岩体在开挖卸荷条件下的损伤演化规律，确定了边坡岩体的三维概率损伤场分布及参数变化规律。节理岩体的损伤张量是刻画节理空间分布的定量指标，而按其三个损伤主值的平均值定义的损伤度 D，则反映了节理分布参数的平均意义。边坡岩体内某点的损伤度大，对应节理的密度大、连通率高，其强度低，损伤度 D 与岩体强度参数 C、φ 在一定条件下存在着对应关系。建立这种关联，即可更深入地研究探讨露天矿节理岩体边坡伴随着采矿开挖下延的动态可靠性问题。

实际工程中，确定节理岩体抗剪强度参数较常采用的一种方法是用滑面上节理连通率 K 做加权因子，对节理面抗剪强度、完整岩石抗剪强度进行加权平均：

$$C_{RM} = K \cdot C_J + (1 - K) \cdot C_R$$
$$\tan\varphi_{RM} = K \cdot \tan\varphi_J + (1 - K) \cdot \tan\varphi_R \tag{5.10}$$

式中，C_{RM}、φ_{RM} 为岩体抗剪强度参数；C_J、φ_J 为节理面抗剪强度参数；C_R、φ_R 为完整岩石岩体抗剪强度参数；K 为节理连通率。

式（5.10）中即考虑了节理面的强度，同时也考虑了较高强度的岩桥作用，有一定的合理性。但将岩体强度确定为节理面强度和完整岩石强度关于连通率的线性加权平均，加之节理连通率合理确定的困难，使应用上受到一定的限制。提出如下修正方法：（1）用岩体损伤度 D 取代节理连通率 K，使之表述节理分布的参数意义更加明确，计算方便；（2）用 Hoek-Brown 准则确定岩体初始损伤（损伤度 D_0）条件下的抗剪强度参数 C_0、φ_0，然后采用双直线段插值方式建立节理岩体强度损伤演化关系式。如下：

$$\begin{cases} C_{RM} = C_0 + \dfrac{(C_J - C_0)(D - D_0)}{1 - D_0} & D \geqslant D_0 \\[3mm] C_{RM} = C_R + \dfrac{(C_0 - C_R) \cdot D}{D_0} & D < D_0 \end{cases} \tag{5.11}$$

$$\begin{cases} \tan\varphi_{RM} = \tan\varphi_0 + \dfrac{(\tan\varphi_J - \tan\varphi_0)(D - D_0)}{1 - D_0} & D \geqslant D_0 \\[3mm] \tan\varphi_{RM} = \tan\varphi_R + \dfrac{(\tan\varphi_0 - \tan\varphi_R) \cdot D}{D_0} & D < D_0 \end{cases} \tag{5.12}$$

式中，C_0、φ_0 为岩体初始损伤条件下抗剪强度参数；D_0 为节理岩体初始损伤度；D 为节理岩体损伤度；

若式（5.11）和式（5.12）中的变量全部或部分为随机变量时，C_{RM} 和 φ_{RM} 则为随机变量，因此而建立了节理岩体三维概率损伤演化的强度场，为研究节理岩体边坡开挖卸荷的动态可靠性分析奠定了基础。

5.4 矿山边坡采动损伤与稳定性

5.4.1 三维极限平衡分析原理

露天矿边坡岩体的破坏实际上呈三维形态，但在边坡稳定分析领域，二维极限平衡分析方法仍然是工程上常用的手段。越来越多的工程实际问题已提出了建立三维边坡稳定分析的要求。三维边坡稳定分析可以更加真实地反映边坡的实际形态，特别是当滑裂面已经确定时，使用三维分析可以恰当地考虑滑体内由于滑裂面的空间变异特征对边坡稳定安全系数的影响。

为了使三维极限平衡问题变得静定可解，各种方法均引入了大量的假定。Lam 和 Fredlund（1993）[16] 计算了三维极限平衡方法中以物理和力学要求为基础可建立的方程个数及这些方程中的未知数数目，发现对于离散成 n 行和 m 列条柱的破坏体，总共需要引入 $8mn$ 个假定。在诸多的假定中，最为常见的是忽略作用在条柱侧面的全部剪力。许多三维极限平衡分析方法还对滑裂面的形状作出假定，如左右对称、对数螺旋面等，这样就进一步削弱了三维极限平衡方法的理论基础和应用范围。

2001 年，水利水电科学研究院陈祖煜等[17] 在总结前人工作的基础上，提出了一个理论基础更为严密、计算步骤相对简单同时收敛性能较好的三维极限平衡分析方法。本节简要介绍这一方法。

首先，建立如图 5.50 所示的坐标系，xoy 平面应基本反映主滑方向；但在一般情况下，并不知道主滑方向。这一面的不精确处将通过下面讨论的求解底滑面剪力与 xoy 平面夹角 ρ 得到弥补。

在分析条柱上的作用力和力矩平衡条件时，引入如下假定：

（1）作用在行界面（平行于 yoz 平面的界面，图 5.50 中的 $ABFE$ 和 $DCGH$）的条间力 G 平行于 xoy 平面，与 x 轴的倾角 β 为常量。这一假定相当于二维领域中的 Spencer 法。

（2）作用在列界面（平行于 xoy 平面的界面，图 5.50 中的 AD-HE 和 $BCGF$）的作用力 Q 为水平方向，与 z 轴平行。

（3）作用在底滑面的剪力 T 与 xoy 的夹角 ρ：规定剪切力的 z 轴分量为正时 ρ 为正。并假定同一列条柱（z = 常量）的 ρ 值相同，对不同 z 坐标的条柱，假定 ρ 的一个分布形状。

1）$\rho = k$ = 常量，见图 5.51a；

2）在 xoy 平面的左、右两侧假定 ρ 的方向相反，并线性分布，见图 5.51b。假定此分布形状为 $f(z)$，则有：

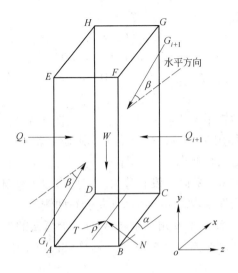

图5.50　作用在具有垂直界面条柱上的力

$$\rho_R = k \cdot z \qquad z \geqslant 0 \qquad\qquad (5.13)$$

$$\rho_L = -\eta k \cdot z \qquad z < 0 \qquad\qquad (5.14)$$

　　假定2）中含有一个系数 η，此值反映左、右侧 ρ 的变化的不对称特性。当滑体的几何形状和物理指标完全对称时，相应假定1）的 k 应为零，相应假定2）的 η 应为1。和二维领域一样，期待在合理性条件限制下，不同的分布形状假定将不会导致安全系数的重大差别。

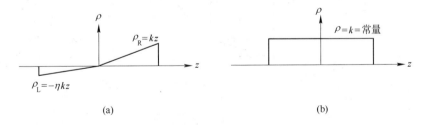

图5.51　底滑面剪切力 T 与 xoy 平面的夹角 ρ 的分布形状

　　设 n_x，n_y，n_z 为底滑面的法线的方向导数，m_x，m_y，m_z 为切向力 T_i 的方向导数，这个方向导数在确定了 ρ 值后即为已知。因为

$m_z = \sin\rho$，根据：

$$\left. \begin{array}{l} m_x^2 + m_y^2 + m_z^2 = 1 \\ m_x n_x + m_y n_y + m_z n_z = 0 \end{array} \right\} \tag{5.15}$$

可以得到 m_x，m_y（在 m_x 的两个解中，$m_x < 0$ 为不合理解，予以删除）。

建立力和力矩平衡方程的步骤为（参见图 5.52）：

（1）分析作用在某一条柱上的力，求解底滑面的法向力 N。由于假定了行界面条柱侧向力 Q 平行于 xoy 平面，列界面条柱侧向力 Q 与 z 轴平行，在 xoy 平面上没有分力。因此可以方便地通过 xoy 平面上的力学平衡条件来求解 N。考虑到左、右两侧的 G（其方向以 S 轴代表）均与 x 轴夹一个 β 角，求解 N 的一个简便的方法是将作用在土条上的力投影到垂直于 S 的 S' 上，这样就回避了 G_i 和 G_{i+1} 这两个未知力，求得 N_i。

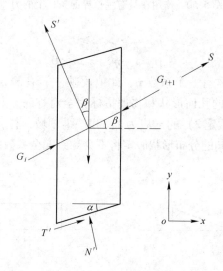

图 5.52   力在 S 上的投影

在 S' 方向的条柱的平衡方程式为：

$$-W_i\cos\beta + N_i(-n_x\sin\beta + n_y\cos\beta) + T_i(-m_x\sin\beta + m_y\cos\beta) = 0 \tag{5.16}$$

根据摩尔 – 库仑强度准则：

$$T_i = (N_i - uA_i)\tan\varphi_e + c_e A_i \qquad (5.17)$$

即可求解条底法向力：

$$N_i = \frac{W_i\cos\beta + (u_i A_i\tan\varphi_e - c_e A_i)(-m_x\sin\beta + m_y\cos\beta)}{-n_x\sin\beta + n_y\cos\beta + \tan\varphi_e(-m_x\sin\beta + m_y\cos\beta)} \qquad (5.18)$$

（2）建立整个滑坡体的静力平衡方程式和绕 z 轴的力矩平衡方程式。在计算 N_i 时，已经满足了每个条柱 S' 方向的静力平衡条件。因此，建立与 S' 垂直的 S 方向的整体静力平衡方程式：

$$S = \sum \left[N_i(n_x\cos\beta + n_y\sin\beta)_i + T_i(m_x\cos\beta + m_y\sin\beta)_i - W_i\sin\beta \right] = 0 \qquad (5.19)$$

建立 z 方向的整体静力平衡方程式：

$$Z = \sum (N_i \cdot n_z + T_i \cdot m_z) = 0 \qquad (5.20)$$

同时，建立绕 z 轴的整体力矩平衡方程式（以逆时针为正）：

$$M = \sum (-W_i \cdot x - N_i \cdot n_x \cdot y + N_i \cdot n_y \cdot x - T_i \cdot m_x \cdot y + T_i \cdot m_y \cdot x)$$
$$= 0 \qquad (5.21)$$

由于整体的静力平衡在坐标系的三个轴上均已满足，因此，建立式（5.21）时可以绕任一与 z 轴平行的轴取矩。

在建立 S'、S 方向和 z 方向的静力平衡方程式（5.16）、式（5.19）和式（5.20）时，最为方便的方法是要求各个力矢量与投影方向的点积之和为零。已知 S' 的方向导数为（$\cos\beta$，$\sin\beta$，0），W 的方向导数为（0，–1，0），N 的方向导数为（n_x，n_y，n_z），T 的方向导数为（m_x，m_y，m_z），S 的方向导数为（$-\sin\beta$，$\cos\beta$，0）。据此可以方便地建立这些静力平衡方程式。

（3）应用牛顿 – 勒普生法迭代求解安全系数。在联立方程式（5.19）~式（5.21）中有三个未知数，即 F，β，ρ，可用牛顿 – 勒普生法求解。假定一个 F，β，ρ 的初值 F_0，β_0，ρ_0，得到一个非零的 ΔS，ΔM，ΔZ，下一个使 ΔS，ΔM，ΔZ 接近零的 F_1，β_1，ρ_1 可通过下式求得（此时 $i = 0$）：

$$\Delta F = F_{i+1} - F_i = -\frac{K_F}{D} \qquad (5.22)$$

$$\Delta\beta = \beta_{i+1} - \beta_i = -\frac{K_\beta}{D} \tag{5.23}$$

$$\Delta\rho = \rho_{i+1} - \rho_i = -\frac{K_\rho}{D} \tag{5.24}$$

其中：

$$D = \begin{vmatrix} \dfrac{\partial S}{\partial F} & \dfrac{\partial S}{\partial \beta} & \dfrac{\partial S}{\partial \rho} \\[2mm] \dfrac{\partial M}{\partial F} & \dfrac{\partial M}{\partial \beta} & \dfrac{\partial M}{\partial \rho} \\[2mm] \dfrac{\partial Z}{\partial F} & \dfrac{\partial Z}{\partial \beta} & \dfrac{\partial Z}{\partial \rho} \end{vmatrix} \tag{5.25}$$

$$K_F = \begin{vmatrix} \Delta S & \dfrac{\partial S}{\partial \beta} & \dfrac{\partial S}{\partial \rho} \\[2mm] \Delta M & \dfrac{\partial M}{\partial \beta} & \dfrac{\partial M}{\partial \rho} \\[2mm] \Delta Z & \dfrac{\partial Z}{\partial \beta} & \dfrac{\partial Z}{\partial \rho} \end{vmatrix}; \quad K_\beta = \begin{vmatrix} \dfrac{\partial S}{\partial F} & \Delta S & \dfrac{\partial S}{\partial \rho} \\[2mm] \dfrac{\partial M}{\partial F} & \Delta M & \dfrac{\partial M}{\partial \rho} \\[2mm] \dfrac{\partial Z}{\partial F} & \Delta Z & \dfrac{\partial Z}{\partial \rho} \end{vmatrix}$$

$$K_\rho = \begin{vmatrix} \dfrac{\partial S}{\partial F} & \dfrac{\partial S}{\partial \beta} & \Delta S \\[2mm] \dfrac{\partial M}{\partial F} & \dfrac{\partial M}{\partial \beta} & \Delta M \\[2mm] \dfrac{\partial Z}{\partial F} & \dfrac{\partial Z}{\partial \beta} & \Delta Z \end{vmatrix} \tag{5.26}$$

通过迭代，最终满足收敛条件。在计算中，要求 ΔF，$\Delta\beta$，$\Delta\rho$ 均小于 0.001（β 和 ρ 以弧度计）。

（4）合理性条件限制。在二维领域，Morgenstern、Price（1965）和 Janbu（1973）等曾指出，对不同的条间力分布形状的假定，应受物理合理性条件的限制。在滑面和条柱界面，均不应有拉应力。同时，界面的抗剪安全系数应大于整体的安全系数。在三维领域，也可提出类似的条件，来限制对条柱界面的假定。一般来说，可以要求每个条柱的底面法向应力大于零，即

$$N_i - uA_i \geqslant 0 \tag{5.27}$$

和其他方法比较，陈祖煜等提出的三维极限平衡分析方法满足了

三个坐标轴方向的静力平衡条件，理论基础比较严密。

5.4.2 边坡破坏模式与计算参数

岩体边坡的破坏模式主要取决于边坡的岩性以及存在于岩体中的各种构造与坡面的组合形式和空间关系。眼前山铁矿南帮揭露出的边坡岩体的调查结果以及深部钻探资料表明，在采场及外围一定范围内未发现延伸规模较大、控制岩体破坏位置及范围的结构面。从构造规律和分布情况来看，构成南帮的岩种较为单一，矿区内的岩体经过多次构造运动，节理较为发育，优势结构面的分布为 2~4 组。主要优势结构面为 2 组，且相互交错，节理方位分布的离散性较大，使岩体具有破碎的镶嵌结构。总的看来，岩体具有岩性均匀、构造发育的特征，可能发生的大规模破坏的主要形式为椭球体滑面，对称轴为圆弧形，二维分析时为圆弧形破坏。对于小规模 1~2 个台阶的破坏，其可能的破坏模式为楔体滑动、平面滑动等，主要由节理面的强度和空间组合关系所控制。采场内发生这种破坏的数量较多，但对生产影响较小。本节的研究将节理岩体视为具有损伤的连续介质，以探讨边坡岩体因开挖损伤增加而产生的其稳定性和可靠性的动态变化规律，为此三维分析仅考虑椭球体滑面的破坏形式，二维分析考虑圆弧形滑动面，而不考虑由节理面本身滑动破坏引起的楔形滑动、平面滑动等破坏形式。

二维极限平衡法的圆弧滑面分析采用 Bishop 法，圆弧由三点确定，最危险滑动面由单纯形优化搜索而得；三维分析采用陈祖煜等提出的三维极限平衡分析方法，其椭球体滑面的中性轴圆弧由二维的优化分析确定。椭球体滑面如图 5.53 所示，定义 +21m 台阶坡顶线在滑面内的长度 L 为三维椭球体滑面的控制长度，中性轴圆弧在 +21m 平台上的宽度 W 为滑体宽度，亦为平台损失宽度。W 值越大，滑动发生后致使 +21m 平台缺失的越大，对矿山生产的影响越大。

对 +21m 铁路运输平台与 -51m 水平之间岩体边坡的稳定性动态评价采用式（5.11）和式（5.12）计算各开采阶段岩体的抗剪强度。根据前期的试验资料和研究结果，选用的计算参数列于表 5.4，各开采阶段的边坡岩体损伤度的分布参数由 FLAC3D 与损伤断裂耦合分析

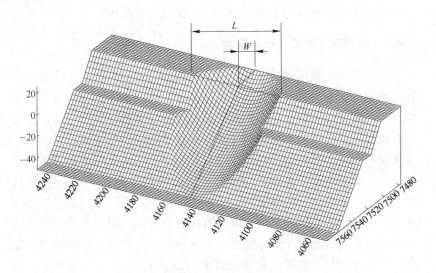

图 5.53　三维椭球体滑动面

得到的三维随机损伤场插值得到。

表 5.4　稳定性与可靠性计算参数表

边坡分区	分布参数	密度/kg·m⁻³	节理面强度		初始损伤岩体强度		完整岩石强度	
			C_J/kPa	φ_J/(°)	C_0/kPa	$\tan\varphi_0$	C_R/kPa	$\tan\varphi_R$
A 区	均值	2750	10	20	145	0.625	400	0.78
	标准差	0	0	0	18.85	0.08	40	0.08
B 区	均值	2750	10	20	140	0.625	400	0.78
	标准差	0	0	0	18.20	0.08	40	0.08

5.4.3　岩体采动损伤与边坡稳定性动态变化

　　露天矿边坡稳定性分析常采用二维极限平衡法,其含义是假设滑体为无限长的情况,忽略了侧向岩体对滑面的约束能力,计算得出的安全系数往往高于三维稳定性分析,计算结果趋于保守。三维稳定性分析中,滑体长度是一重要参数,多受边坡岩体中的大型结构面所控制。由于眼前山铁矿南帮边坡岩体中未发现具有控制性影响的大型结构面，因此本章首先对 $+21m$ 运输平台至 $-51m$ 安全平台之间可能构成的三维滑体计算了其滑体长度 L 对安全系数的影响。滑体长度 L 取50、60、80、100、125、150、175 和200m 等 8 种情况，滑体在 $+21m$ 运输平台上的宽度 W 取24m，对开采至 $-51m$、$-99m$、$-147m$ 和 $-195m$ 水平下的损伤岩体的计算结果列于表5.5，其影响关系曲线如图5.54 和图5.55 所示。随着滑体长度 L 的增加，A 区和 B 区各开采水平的安全系数呈单调下降的趋势，滑体长度 L 为 200m 时，安全系数最小，A 区为 $1.352 \sim 1.459$，B 区为 $1.508 \sim 1.534$，B 区的稳定性好于 A 区。对于不同的开采水平，采深越大，因岩体损伤增大而稳定性越低。分析曲线的变化趋势可以看出，当滑体长度 L 大于125m 时，曲线逐渐趋于平缓。为此，下一步在研究探讨各开采深度条件下 $+21 \sim -51m$ 边坡的三维稳定性动态变化规律时，又综合考虑了 A 区和 B 区边坡的走向长度、高差为 72m 以及便于计算结果的对比分析等因素，滑体长度 L 均取 150m，滑体长度与高度之比约为 2。平台损失宽度 W 表示了 $+21m$ 运输平台的破坏程度。因此在计算各开采水平条件下 $+21 \sim -51m$ 之间的节理边坡的二维和三维稳定性时，对平台损失宽度 W 为4、8、12、16、20 和24m 的六种情况分别进行了计算，结果见表5.6 ~ 表5.9 和图5.56 ~ 图5.59。

表5.5 三维滑体长度影响结果计算

分区	开采水平/m	三维滑体长度/m							
		50	60	80	100	125	150	175	200
A 区	-195	1.951	1.766	1.604	1.505	1.431	1.393	1.370	1.352
	-147	1.995	1.855	1.636	1.553	1.477	1.439	1.412	1.396
	-99	2.094	1.918	1.707	1.598	1.497	1.471	1.450	1.430
	-51	2.140	1.951	1.740	1.623	1.542	1.499	1.480	1.459
B 区	-195	2.229	1.989	1.792	1.652	1.600	1.565	1.541	1.508
	-147	2.242	1.999	1.796	1.672	1.606	1.566	1.544	1.520
	-99	2.252	2.000	1.801	1.677	1.612	1.576	1.549	1.530
	-51	2.253	2.027	1.817	1.687	1.622	1.584	1.558	1.534

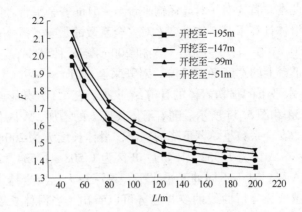

图 5.54　A 区边坡滑体长度影响曲线

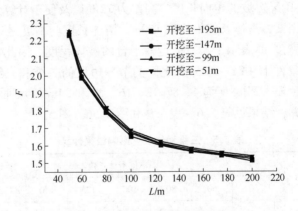

图 5.55　B 区边坡滑体长度影响曲线

表 5.6　A 区二维稳定性计算结果

开采水平/m	+21m 铁路运输平台损失宽度/m					
	24	20	16	12	8	4
-195	1.386	1.391	1.414	1.470	1.555	1.690
-147	1.401	1.414	1.445	1.502	1.599	1.739
-99	1.411	1.428	1.466	1.530	1.633	1.784
-51	1.419	1.438	1.479	1.550	1.656	1.810

表 5.7　B 区二维稳定性计算结果

开采水平/m	+21m 铁路运输平台损失宽度/m					
	24	20	16	12	8	4
−195	1.440	1.458	1.496	1.557	1.653	1.793
−147	1.445	1.463	1.501	1.562	1.658	1.798
−99	1.448	1.467	1.505	1.566	1.662	1.803
−51	1.451	1.471	1.511	1.573	1.669	1.810

表 5.8　A 区三维稳定性计算结果

开采水平/m	+21m 铁路运输平台损失宽度/m					
	24	20	16	12	8	4
−195	1.393	1.382	1.354	1.351	1.348	1.329
−147	1.439	1.413	1.404	1.407	1.394	1.388
−99	1.471	1.447	1.446	1.455	1.435	1.417
−51	1.499	1.476	1.477	1.485	1.461	1.430

表 5.9　B 区三维稳定性计算结果

开采水平/m	+21m 铁路运输平台损失宽度/m					
	24	20	16	12	8	4
−195	1.565	1.531	1.513	1.538	1.540	1.572
−147	1.566	1.535	1.528	1.545	1.546	1.581
−99	1.576	1.546	1.535	1.550	1.555	1.586
−51	1.584	1.555	1.546	1.560	1.581	1.595

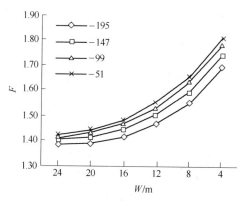

图 5.56　A 区二维稳定性计算结果图

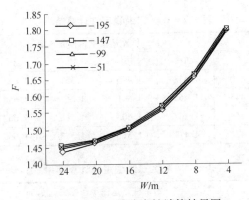

图 5.57 B 区二维稳定性计算结果图

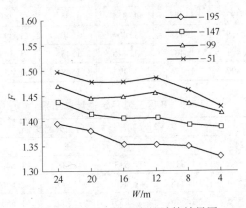

图 5.58 A 区三维稳定性计算结果图

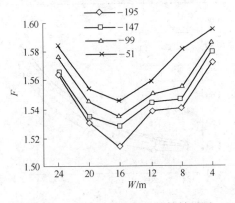

图 5.59 B 区三维稳定性计算结果图

随着矿山开采的逐步下延，岩体的损伤逐渐加剧，强度劣化，边坡的稳定性呈现随采场下延而逐步降低的动态变化规律[18]。对于 A 区和 B 区的 +21m 铁路运输平台的稳定性，二维极限平衡与三维极限平衡的计算结果均显示出这一特点。开采至 -51m、-99m、-147m 和 -195m 水平时，A 区二维极限平衡法计算的 +21 ~ -51m 边坡的最小安全系数为 1.419、1.411、1.401 和 1.386，B 区为 1.451、1.448、1.445 和 1.440。同开采至 -51m 水平相比，A 区在开采至 -99m、-147m 和 -195m 水平时的最小安全系数分别降低了 0.56%、1.27% 和 2.33%，B 区为 0.21%、0.41% 和 0.76%；对于三维极限平衡的计算结果，A 区最小安全系数分别为 1.430、1.417、1.388 和 1.348，B 区为 1.546、1.535、1.528 和 1.513，A 区的降低值为 0.91%、2.94% 和 5.73%，B 区为 0.71%、1.16% 和 2.13%。A 区与 B 区相比，B 区安全系数大于 A 区，随开采的下降变化也小。稳定性动态变化的数值大小与边坡结构、采矿方案密切相关。

不同的平台损失宽度 W 体现了边坡破坏规模的大小，考虑了节理岩体的损伤演化的因素后，二维与三维极限平衡的分析结果给出了完全不同的规律。对于二维极限平衡分析，A 区和 B 区的最危险滑面均出现在平台根部，即平台损失宽度 W 为 24m，表现为深层滑动，规模较大；而三维极限平衡的 A 区和 B 区计算结果也略有区别，A 区的最危险滑面出现在平台坡顶处，平台损失宽度 W 为 4m，表现为浅层的坡面附近岩体滑落，对运输平台影响较小，B 区的最危险滑面出现在平台中部，平台损失宽度 W 为 16m。由此说明，露天矿边坡稳定分析中，考虑岩体的损伤演化及进行三维分析是非常必要的。

鞍钢眼前山露天铁矿设计于 2019 年开采至最终标高 -195m 后闭坑。根据边坡岩体损伤演化及稳定性动态变化研究结果，露天开采结束时 A 区和 B 区 +21m 铁路运输平台边坡的二维分析的最小安全系数分别为 1.401 和 1.440，三维分析结果为 1.348 和 1.513，对于如 +21m 铁路运输平台这样重要位置的边坡，其临界安全系数国内外一般取 1.30 ~ 1.50。若在开采结束时临界安全系数按 1.30 考虑，则眼前山露天铁矿南帮 +21m 铁路运输平台可以保持稳定。

5.5   本章小结

（1）露天矿边坡的形成是伴随采矿生产自始至终的漫长过程，矿山工程的每步下降，边坡岩体内的应力都产生重新分布，节理岩体的损伤都会产生渐近的累积。对于眼前山铁矿南帮边坡的模拟分析，边坡初形成时岩体损伤度的增长率最高；随开采深度加大，边坡岩体的损伤逐渐增加，但其增长的百分率总体上呈下降趋势。

（2）在每步开挖模拟中，边坡体内损伤的分布主要有两种类型，其一是损伤峰值出现在坡面处，随着与坡面距离的增加，损伤逐渐减少，直至无力学损伤；其二是损伤峰值与坡面有一定距离，主要出现在运输平台和安全平台下部附近的岩体中。损伤前区的宽度大约等于运输平台或安全平台宽度，损伤区的宽度总体上为 60 ~ 100m，其趋势随采深增大而增大。

（3）露天矿边坡的开挖卸荷会引起局部岩体处于拉剪应力状态，裂纹的起裂扩展较压剪应力状态下更具有破坏性。A 区在 +21m 铁路平台和 -3m 安全平台下部拉应力区内的岩体损伤大幅急剧增加，正体现了这一特点。

（4）节理岩体的初始损伤由节理的三维分布所决定，岩体开挖后节理的延展、岩体损伤的演化由岩体内三维应力的重新分布所控制，主应力 σ_3 为负值或 $\sigma_1 - \sigma_3$ 较大时，损伤较大，对损伤度 D 的变化起主要作用，同时亦受主应力 σ_1、σ_2、σ_3 大小的影响。

（5）A 区节理岩体的初始损伤程度低于 B 区，但随采场开挖下延 A 区 +21 ~ -51m 之间岩体出现了两处较大的拉应力区，其岩体损伤度峰值明显大于 B 区。由此可见，岩体开挖工程的稳定性评价，不仅要重视岩体的初始损伤状态，更要重视岩体开挖而应力重新分布后损伤的演化及强度变化。

（6）通过分析岩体常用破坏准则，引入节理岩体损伤度作为加权平均因子，综合考虑节理面抗剪强度、完整岩石抗剪强度和岩体初始损伤抗剪强度。结合露天矿采矿开挖的 FLAC3D 模拟与损伤断裂力学分析，采用双直线段模型建立了节理岩体开挖损伤演化的强度场及随机强度场模型，为研究节理岩体边坡开挖卸荷损伤条件下的动态可靠性分析奠定了基础。

（7）随着矿山开采的逐步下延，岩体的损伤逐渐加剧，强度劣化，边坡的稳定性及可靠均呈现随采场下延而逐步降低的动态变化规律，眼前山铁矿南帮 A 区和 B 区的 +21m 铁路运输平台的稳定性和可靠性的分析结果均显示出这一特点。稳定性与可靠性动态变化的数值大小与边坡结构、采矿方案密切相关。

（8）安全系数最低的危险滑面位置，在考虑了节理岩体损伤演化的因素后，二维和三维稳定性的分析给出了完全不同的规律。二维分析的最危险滑面出现在 +21m 运输平台根部，表现为深层滑动；而三维分析的最危险滑面则出现在 +21m 运输平台的中前部，表现为浅层的岩体滑落。由此说明，露天矿边坡稳定分析时，考虑岩体的损伤演化及进行三维分析是非常必要的。

6 边坡岩体采动损伤与可靠性分析

6.1 露天矿边坡可靠性分析基本思路

影响露天矿边坡稳定性的因素很多，其中有确定性的，有随机的。依照传统的稳定性分析方法（可直接套用极限平衡方法有关计算公式），建立边坡安全储备的数学模型为：

$$Z = g(X) = g(x_1, x_2, \cdots, x_n) \tag{6.1}$$

式中，x_i 为基本随机变量。

所谓安全储备，是指以某种形式定义边坡可靠程度与极限状态的相对值。常见的安全储备有安全系数、抗滑力与下滑力之差，即：

$$Z = R/S - 1 \tag{6.2}$$

或

$$Z = R - S \tag{6.3}$$

式中，R 为抗滑力；S 为下滑力。

当 $Z = R/S - 1 > 0$ 或 $Z = R - S > 0$ 时，边坡稳定。满足这个条件的基本定义域为安全域，安全域以外称为破坏域，它们的交线为极限状态面，如图 6.1 所示。露天矿边坡可靠性分析中常以式（6.2）作为状态方程，即将变量作为随机变量，用极限平衡法计算边坡的安全系数 R/S 以确定 Z。

Z 为随机量，具有一定的分布，其概率密度可绘成曲线，如图 6.2 所示。

破坏概率 P_f 为图 6.2 中的阴影部分面积：

$$P_f = P(Z < 0) = P(R/S - 1 < 0) \tag{6.4}$$

图 6.2 中 μ_z 为均值。直观上来说，μ_z 愈大，P_f 愈小，其实不尽然，两个边坡具有同等的安全储备均值（如通常的安全系数相等），由于参数离散程度不一致，破坏概率 P_f 是不同的，甚至有这样的情况，安全系数均值大的边坡，其破坏概率反而大。由此可见破坏概率

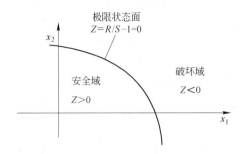

图 6.1 极限状态空间

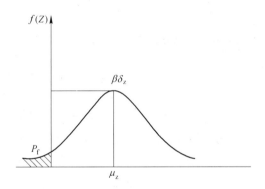

图 6.2 随机变量 Z 的概率分布

能更准确地评价边坡的稳定性。

由原点到均值 μ_z 的距离，可用 Z 的标准差 σ_z 来度量，即：

$$\mu_z = \beta\sigma_z \tag{6.5}$$

式中，β 称为边坡的可靠性指标，β 与 P_f 存在一一对应的关系。β 愈小，P_f 愈大；反之，β 愈大，P_f 愈小。

可靠性指标 β 即为安全储备的均值与标准差之比。一般情况下 Z 为正态随机变量，$Z \sim N(\mu_z, \sigma_z)$，通过标准化后，可得：

$$P_f = 1 - \Phi\left(\frac{\mu_z}{\sigma_Z}\right) = 1 - \Phi(\beta) = \Phi(-\beta) \tag{6.6}$$

式中，$\Phi(\cdot)$ 为标准正态分布函数。

应用于露天矿边坡工程的可靠性分析方法很多，主要有 Monte-Carlo 法、概率矩点估计法及 Rosenbluth 法等。目前边坡工程界已接受将 P_f、β 及安全系数 F 一起，作为评价边坡稳定性的指标。Monte-Carlo 法是基于统计抽样理论的统计试验法，适应性最强，精度也很高。为此本章分析采用 Monte-Carlo 法对影响边坡稳定性的随机变量进行抽样，应用陈祖煜提出的三维极限平衡分析方法计算其安全系数，根据空间变异性理论进行分条强度的局部平均计算，通过统计分析获得评价边坡可靠性的可靠性指标 β、破坏概率 P_f 和安全系数均值 μ_F 等指标，以研究探讨鞍钢眼前山露天铁矿南帮边坡三维可靠性动态变化规律，建立露天矿节理岩体边坡开挖卸荷损伤的可靠性动态评价方法。

6.2 岩体强度的空间变异性

岩体强度的空间变异性是指空间两点岩体强度参数之间相关性和变化性的统称。由于成因、剥离、风化以及其他地质作用，岩体性质的空间差异总是存在的；同时，由于成因年代、地质作用等的同一性和相关性等，两点间岩体性质的相关性也是存在的。这种两点间岩体性质既有差异又有相关的特性，可用地质统计学的相关理论加以研究和描述。

6.2.1 点荷载强度测试与分析

岩体强度空间变异性研究是边坡可靠性计算的基础，其结果将直接影响到边坡可靠性计算的精度和正确性。为了准确地获得边坡岩体强度的空间变异情况并考虑现场易于实现等因素，采用便携式点荷载仪对眼前山铁矿南帮边坡的两个分区进行了点荷载现场测试（图6.3），以研究岩体强度的空间变异性。计算标准点荷载强度指数 $I_{s(50)}$ 按 ISRM 建议方法进行：

6.2.1.1　计算各试件未修正的点荷载强度指数 I_s

点荷载强度指数 I_s 的计算式为

$$I_s = \frac{P}{D_e^2} \tag{6.7}$$

图 6.3 点荷载强度试验

式中，P 为破坏荷载；D_e 为等价直径。

对于岩芯径向试验，$D_e = D$；岩芯轴向、不规则块体试验，则有：

$$D_e = 2\sqrt{\frac{A}{\pi}} \qquad A = WD \qquad (6.8)$$

式中，A 为通过加荷接触点的最小横截面积；W 为横截面的平均宽度。

6.2.1.2 尺寸修正

I_s 值不但与试样形状有关，而且是试件尺寸 D_e 的函数，为了便于比较，获得一致性的点荷载强度指数，必须进行尺寸修正。以岩芯直径 $D = 50\text{mm}$ 为标准，修正后的点荷载强度指数 $I_{s(50)}$ 为：

$$I_{s(50)} = (D/50)^{0.45} \times I_s \qquad (6.9)$$

图 6.4 和图 6.5 分别为 A 区和 B 区的标准点荷载强度指数 $I_{s(50)}$ 沿台阶的变化规律。从中可以看出，在空间位置上，标准点荷载强度指数 $I_{s(50)}$ 有较大的差异，但其整体上较稳定，并没有发生漂移，可以用二阶平稳的随机场描述。

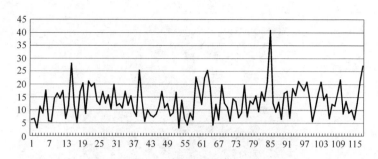

图 6.4　A 区 $I_{s(50)}$ 沿台阶分布试验结果

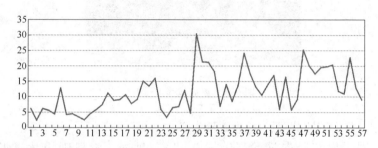

图 6.5　B 区 $I_{s(50)}$ 沿台阶分布试验结果

6.2.1.3　眼前山铁矿测试数据统计分析

对眼前山铁矿南帮边坡的 A 区和 B 区所测得的标准点荷载强度指数 $I_{s(50)}$ 分别进行整理，得出各区 $I_{s(50)}$、单轴抗压强度、单轴抗拉强度的统计值如表 6.1 所示。

表 6.1　眼前山铁矿南帮边坡岩体 $I_{s(50)}$ 统计结果

分　区	$I_{s(50)}$	σ_c/MPa	σ_t/MPa
A 区	9.2098	165.7764	8.28882
B 区	8.0766	145.3788	7.26894

表 6.1 中：

$$\sigma_c = 18 I_{s(50)} \tag{6.10}$$

$$\sigma_t = 0.9 I_{s(50)} \tag{6.11}$$

对标准点荷载强度指数 $I_{s(50)}$ 的分布进行拟合和 χ^2 检验，在 95% 置信度下，A 区和 B 区的标准点荷载强度指数 $I_{s(50)}$ 均服从正态分布的假设，其分布的直方图如图 6.6 和图 6.7 所示。

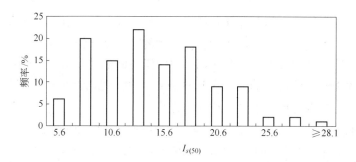

图 6.6 A 区标准点荷载强度指数 $I_{s(50)}$ 分布直方图

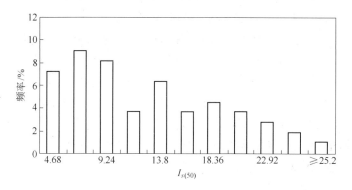

图 6.7 B 区标准点荷载强度指数 $I_{s(50)}$ 分布直方图

A 区的标准点荷载强度指数 $I_{s(50)}$ 服从均值 $\mu = 9.2098$、标准差 $\sigma = 4.1776$ 的正态分布，其概率密度函数为：

$$f(x) = \frac{1}{4.1776\sqrt{2\pi}}e^{-\frac{(x-9.2098)^2}{2 \times 4.1776^2}} \tag{6.12}$$

B 区的标准点荷载强度指数 $I_{s(50)}$ 服从均值 $\mu = 8.0766$、标准差 $\sigma = 4.5419$ 的正态分布，其概率密度函数为：

$$f(x) = \frac{1}{4.5419\sqrt{2\pi}} e^{-\frac{(x-8.0766)^2}{2\times4.5419^2}} \tag{6.13}$$

6.2.2　岩体强度空间变异性的理论分析

　　岩体强度的空间变异性是指两点间的强度参数既有联系又有差异的特征。大量研究已经表明，岩体强度的空间变异性是存在的，而且岩体强度的波动和变化主要体现在空间距离间的变化情况，而不是经典概率理论所展现出的不确定性现象[19]。进行这种空间变异性研究的有力工具就是地质统计学理论和方法。

　　地质统计学是法国著名学者 G. 马特隆教授于 1962 创立的，它的研究对象是具有随机性和结构性两重性的区域化变量，对区域化变量的研究，通过计算其变差函数并进行结构分析来完成。在分析具体问题时，地质统计学不仅考虑数值的大小，而且还考虑变量的空间关系，这样得出的结果势必更加合理。而经典统计学通常采用均值、方差等参数，这些量只能概括某一特性的全貌，却无法反映其局部特征。以方差而言，方差大，表示所研究的变量在整体上变化大；方差小，则反映变化小，根本无法回答局部范围和特定方向上的变量的变化特征。另外，应用地质统计学中的克立格法还能估计没有测量的地质变量，这也是经典统计学不能做到的。在岩体边坡工程中，岩体作为具有空间变异性的实体，不但应注意其全局的性质，更应注意其局部岩体的性质，只有这样才能使工程达到安全与经济的目的。地质统计学正是达到这一目的的有力工具。

6.2.2.1　变差函数的概念

　　假定区域化变量 $Z(x)$ 只在一维 x 轴上变化，将 $Z(x)$ 在 x 和 $x+h$ 点的值之差的方差之半定义为 $Z(x)$ 在 x 方向的变差函数，记为 $r(x,h)$，即：

$$r(x,h) = \frac{1}{2}\mathrm{var}[Z(x) - Z(x+h)]$$

$$= \frac{1}{2}E[Z(x) - Z(x+h)]^2 - \frac{1}{2}\{E[Z(x) - Z(x+h)]\}^2$$

$$\tag{6.14}$$

当 $r(x,h)$ 与 x 取值无关，只依赖 h（称距离或步长）时，则可将变差函数记为 $r(h)$。

6.2.2.2　二阶平稳假设

式（6.14）是一个理论数学表达式。在实际应用中，往往是通过观察对 $r(x,h)$ 作出估计。欲得到上述式的估计值，就要估计数学期望 $E[Z(x)-Z(x+h)]$ 的值，但事实上，在点 x 和 $x+h$ 处只能得到一对数据 $Z(x)$ 和 $Z(x+h)$，不可能在空间上同一点取得第二个样品，因此，有必要对区域化变量 $Z(x)$ 提出一些假设，即二阶平稳假设，令 $Z(x)$ 满足下列两个条件：

（1）在整个研究区域内，区域化变量 $Z(x)$ 的数学期望存在，且等于常数，即：

$$E[Z(x)] = m（常数） \tag{6.15}$$

（2）在整个区域内，$Z(x)$ 的协方差函数存在且相同（即只依赖距离 h，而与 x 无关），即：

$$\begin{aligned}
\mathrm{Cov}\{Z(x),Z(x+h)\} \\
= E[Z(x)Z(x+h)] - E[Z(x)]E[Z(x+h)] \\
= E[Z(x)Z(x+h)] - m^2 \\
= C(h) \qquad \forall x, \forall h
\end{aligned} \tag{6.16}$$

当 $h=0$ 时，上式变为

$$\begin{aligned}
C(0) &= \mathrm{Cov}\{Z(x),Z(x+h)\} \\
&= \mathrm{Cov}\{Z(x),Z(x)\} \\
&= \mathrm{var}\{Z(x)\}, \forall x
\end{aligned} \tag{6.17}$$

即方差存在且为常数。

由上述假设，可以推出变差函数和协方差函数的关系式。由于：

$$\begin{aligned}
2r(h) &= E[Z(x)-Z(x+h)]^2 \\
&= E[Z(x)]^2 - E[Z(x+h)]^2 - 2E[Z(x)Z(x+h)]
\end{aligned} \tag{6.18}$$

由上式推出：

$$\begin{aligned}
C(0) = \mathrm{Var}[Z(x)] &= E[Z(x)]^2 - \{E[Z(x)]\}^2 \\
&= E[Z(x)]^2 - m^2, \forall x
\end{aligned} \tag{6.19}$$

即有：

$$E[Z(x)]^2 = C(0) + m^2 \tag{6.20}$$

又 x 点是任意的，将 x 换成 $x+h$ 代入上式，得：

$$E[Z(x+h)]^2 = C(0) + m^2 \qquad (6.21)$$

经变换有：

$$E[Z(x)Z(x+h)] = C(h) + m^2 \qquad (6.22)$$

将上述公式进行整理，得变差函数与协方差函数的关系式：

$$r(h) = C(0) - C(h) \qquad (6.23)$$

6.2.2.3 实验变差函数

实验变差函数就是根据观测数值构造变差函数 $r(h)$ 的估计值 $r^*(h)$。由于假设为二阶平稳，被向量 h 分割的每一对数据 $\{Z(x_i), Z(x_i+h)\}$ $(i=1,2,\cdots,N(h))$ 都可以看成是 $\{Z(x),Z(x+h)\}$ 的一次不同的实现（此处 $N(h)$ 是被向量 h 相隔的数据对的数目），这样我们根据在 x 轴上相隔为 h 的点 x_i 和 x_i+h 上的观测值 $\{Z(x_i),Z(x_i+h)\}$ $(i=1,2,\cdots,N(h))$，用求 $[Z(x_i) - Z(x_i+h)]^2$ 的算术平均值的方法就可计算 $r^*(h)$，即

$$r^*(h) = \frac{1}{2N(h)} \sum_{i=1}^{N(h)} [Z(x_i) - Z(x_i+h)]^2 \qquad (6.24)$$

对不同的距离 h，计算出相应的 $r^*(h)$ 值，把各个 $[h_i, r^*(h_i)]$ 点在 $h - r^*(h)$ 图上标出，再将相邻的点用线段连接起来，即得到实验变差函数图。

从标准点荷载指数 $I_{s(50)}$ 的实测结果可以看出，区域化地质变量 $I_{s(50)}$ 满足如下两个条件：(1)在整个研究测试的区域内，$I_{s(50)}$ 的数学期望存在，且等于常数(见图6.4和图6.5)；(2)在整个研究区域内，$I_{s(50)}$ 的协方差函数存在且平稳，即只依赖于基本步长大小，而与起点无关。

这样，A 区和 B 区的 $I_{s(50)}$ 均满足二阶平稳假设，可用线性平稳地质统计学进行研究和描述。

A 区和 B 区标准点荷载指数计算的变差函数见表6.2。

表6.2 A 区和 B 区实验变差函数 $r^*(h)$

h/m	1	2	3	4	5	6	7	8
A 区	30.35	36.574	34.471	36.612	35.257	35.72	37.839	35.147
B 区	23.323	27.989	29.838	38.681	33.607	39.039	30.368	26.055

6.2.2.4 变差函数的理论模型

仅有实验变差函数图并不能对区域化变量的未知值作出估计，因此需要将实验变差函数拟合成相应的理论变差函数模型来估计区域化变量的未知值。变差函数的理论模型可分为有基台值（$r(\infty)$ 称为基台值）和无基台值模型两类，前者主要有球状模型、指数函数型、高斯模型；后者主要有幂函数模型、对数函数模型、纯块金效应模型、空穴效应模型。

根据所得实验变差函数曲线，按照球状模型进行拟合，参数列于表6.3。球状模型的一般公式为：

$$r(h) = \begin{cases} 0 & h = 0 \\ c_0 + c\left(\dfrac{3h}{2a} - \dfrac{h^3}{2a^3}\right) & 0 < h \leqslant a \\ c + c_0 & h > a \end{cases} \tag{6.25}$$

式中，c_0 为块金常数；$c + c_0$ 为基台值；c 为拱高；a 为变程（即随机场中的相关距离）。当 c_0、$c = 1$ 时，为标准球状模型。

表6.3 $I_{s(50)}$ 球状变差函数模型参数表

分 区	c_0	a/m	c
A 区	30.6745	3.3491	3.4784
B 区	20.8638	5.7966	14.4748

A 区的 $I_{s(50)}$ 的理论变差函数（见图6.8）为：

$$r(h) = \begin{cases} 0 & h = 0 \\ 30.6745 + 1.5579h - 0.0151h^3 & 0 < h \leqslant 3.3491 \\ 34.1529 & h > 3.3491 \end{cases} \tag{6.26}$$

B 区的 $I_{s(50)}$ 的理论变差函数（见图6.9）为：

$$r(h) = \begin{cases} 0 & h = 0 \\ 20.8638 + 3.7457h - 0.0372h^3 & 0 < h \leqslant 5.7966 \\ 35.3386 & h > 5.7966 \end{cases} \tag{6.27}$$

A 区的相关距离 a 为 3.3491m，B 区的相关距离 a 为 5.7966m。a 值越小，说明该区的强度相关性越小。

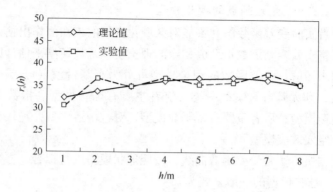

图 6.8   A 区 $I_{s(50)}$ 的实验与理论变差函数图

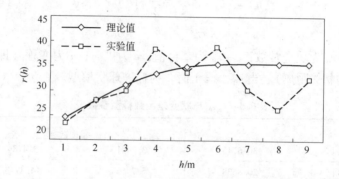

图 6.9   B 区 $I_{s(50)}$ 的实验与理论变差函数图

6.2.3   岩体强度的局部平均分析

边坡可靠性计算中，通常将滑体分成小分条或小单元，然后将小分条或小单元作为均质体进行分析。计算中采用小分条或小单元的平均强度参数，这时就需要知道岩体强度空间变异时，在每个小分条滑面或小单元内的局部平均后的变化情况。岩体强度 $Z(x)$ 在坐标 x 方向上随机变化，其在长度为 T 的线段上的局部平均定义为：

$$Z_T(x) = \frac{1}{T} \int_{x-T/2}^{x+T/2} Z(u)\,\mathrm{d}u \tag{6.28}$$

T 为坐标 x 方向上的局部平均长度，称为局部平均域，在边坡可靠性计算中为边坡滑体小分条的滑面长度。

由点荷载现场测试及分析可知，岩体强度的空间变化满足二阶平稳假设，所以 $Z_T(x)$ 与起点 x 无关，只与平均域 T 有关，且其均值与 $Z(x)$ 均值相同，即：

$$E[Z_T(x)] = E[Z(x)] \tag{6.29}$$

但局部平均后的方差要发生变化，根据局部平均域大小、强度的空间相关距离、相关函数等的不同，其方差衰减的程度不同。一般用下式表示局部平均 $Z_T(x)$ 的方差：

$$\mathrm{Var}[Z_T(x)] = G(T)\mathrm{Var}[Z(x)] \tag{6.30}$$

式中，$G(T)$ 为方差衰减函数，由下式计算：

$$G(T) = \frac{2}{T}\int_0^T \left(1 - \frac{h}{T}\right)R(h)\,\mathrm{d}h \tag{6.31}$$

式中，$R(h)$ 是岩体强度的相关函数。

岩体强度的相关函数模型主要有三角相关模型、指数相关模型和高斯相关模型等。

对于三角相关模型（图 6.10），岩体强度的相关函数为：

$$R(h) = \begin{cases} 1 - \dfrac{h}{a} & h \leqslant a \\ 0 & h > a \end{cases} \tag{6.32}$$

式中，a 为相关距离。

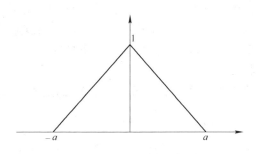

图 6.10 三角相关模型

方差衰减函数 $G(T)$ 为：

$$G(T) = \begin{cases} 1 - \dfrac{T}{3a} & T \leqslant a \\[3mm] \dfrac{a}{T}\left(1 - \dfrac{a}{3T}\right) & T > a \end{cases} \tag{6.33}$$

从方差衰减函数 $G(T)$ 中可以看到，$G(T) < 1$，随着局部平均域 T（分条滑面长度）增大，$G(T)$ 减小，即局部平均的方差小于点方差。所以，考虑岩体强度在分条滑面上的局部平均后，计算出的边坡可靠指标会相应增加，破坏概率有所减小，可靠性分析更科学合理。

6.3   概率损伤与演化

岩体内节理裂隙的倾向、倾角、迹长以及间距分布的随机性必然引起岩体损伤的随机状态，进而导致其力学行为的随机性。岩体内节理裂隙的统计特征被确定后，结合开挖工程的数值模拟分析，岩体母本的损伤张量、应力、位移等变量的随机特征，即可采用 Rosenblueth 法进行统计估计。

6.3.1   Rosenblueth 法基本原理

Rosenblueth 法，即概率矩点估计法，是由墨西哥人 Emilio Rosenblueth 于 1975 年提出的，1981 年他又对这一方法进行了完善和理论化。从 80 年代开始，这一方法被引入到岩土和边坡工程的随机分析中。该法主要是根据随机变量的前三阶距（均值、方差、偏态系数）来近似地描述极限状态函数的概率矩，不必预先知道随机变量的精确分布，应用方便；就岩体工程问题而言，也具有足够的精度，是一种比较实用的工程方法。

如果 F 是随机变量 X_1，X_2，X_3，$\cdots$，X_n 的函数，即：

$$F = F(X_1, X_2, \cdots, X_n) \tag{6.34}$$

定义：

$$F_* = F(\mu_{x1}, \mu_{x2}, \cdots, \mu_{xn}) \tag{6.35}$$

$$F_{i(+)} = F(\mu_{x1}, \cdots, \mu_{xi-1}, \mu_{xi} + \delta_{xi}, \mu_{xi+1}, \cdots, \mu_{xn}) \tag{6.36}$$

$$F_{i(-)} = F(\mu_{x1}, \cdots, \mu_{xi-1}, \mu_{xi} - \delta_{xi}, \mu_{xi+1}, \cdots, \mu_{xn}) \quad (6.37)$$

$$\mu(F_i) = \frac{F_{i(+)} + F_{i(-)}}{2} \quad (6.38)$$

$$\delta(F_i) = \frac{F_{i(+)} - F_{i(-)}}{2} \quad (6.39)$$

则：

$$\mu(F) = \frac{1}{F_*^{n-1}} \prod_{i=1}^{n} \mu(F_i) \quad (6.40)$$

$$\delta^2(F) = \prod_{i=1}^{n} [1 + \delta^2(F_i)] - 1 \quad (6.41)$$

对于两个变量的情形，$F = F(X_1, X_2)$，有：

$$\mu(F) = \frac{1}{4}(F^{++} + F^{--} + F^{+-} + F^{-+}) \quad (6.42)$$

$$\delta^2(F) = \mu(F^2) - \mu^2(F) \quad (6.43)$$

式中：

$$F^{\pm\pm} = F(\mu_{x1} \pm \delta_{x1}, \mu_{x2} \pm \delta_{x2}) \quad (6.44)$$

$$\mu(F^2) = \frac{1}{4}[(F^{++})^2 + (F^{--})^2 + (F^{+-})^2 + (F^{-+})^2]$$

$$(6.45)$$

6.3.2 概率损伤演化分析模型

依据损伤断裂力学理论建立的节理岩体损伤演化分析模型，主要输入参数有：边坡几何形态、岩石弹性参数、密度、节理面强度、岩体初始损伤张量 $\boldsymbol{\Omega}_0$、岩石断裂韧度 K_{IC} 等。如果仅考虑岩体初始损伤张量 $\boldsymbol{\Omega}_0$、岩石断裂韧度 K_{IC} 为随机变量，依式（4.10）可得节理岩体概率损伤演化分析的有限元模型为：

$$[K]\{U\} = \{F\} + \{F^*(\boldsymbol{\Omega}_0, K_{IC})\} \quad (6.46)$$

式中，$[K]$ 为无损岩石弹性参数构成的刚度矩阵；$\{F\}$ 为表面力和体力构成的节点力。

依据 Rosenblueth 原理,可求得位移 U 的均值和标准差:

$$\mu(U) = \frac{1}{4}(U^{++} + U^{--} + U^{+-} + U^{-+}) \tag{6.47}$$

$$\delta^2(U) = \mu(U^2) - \mu^2(U) \tag{6.48}$$

其中:

$$U^{\pm\pm} = [K]^{-1}(\{F\} + F^*\{\mu_{\Omega_0} \pm \delta_{\Omega_0}, \mu_{K_{IC}} \pm \delta_{K_{IC}}\}) \tag{6.49}$$

$$\mu(U^2) = \frac{1}{4}[(U^{++})^2 + (U^{--})^2 + (U^{+-})^2 + (U^{-+})^2] \tag{6.50}$$

在露天矿开挖的每一步模拟中,岩体内的节理在压剪、拉剪应力状态下延长扩展,岩体的损伤增加,同理可获得每一采深条件下边坡体内各单元的损伤张量 Ω 的均值和标准差,从而得到边坡岩体的空间随机损伤场:

$$\mu(\Omega) = \frac{1}{4}(\Omega^{++} + \Omega^{--} + \Omega^{+-} + \Omega^{-+}) \tag{6.51}$$

$$\delta^2(\Omega) = \mu(\Omega^2) - \mu^2(\Omega) \tag{6.52}$$

$$\mu(\Omega^2) = \frac{1}{4}[(\Omega^{++})^2 + (\Omega^{--})^2 + (\Omega^{+-})^2 + (\Omega^{-+})^2] \tag{6.53}$$

6.4 采动岩体概率损伤

露天矿边坡岩体是含有大量空间上随机分布裂隙的三维损伤体,其损伤是一种概率损伤。本章将岩石断裂韧度 K_{IC} 和 A、B 区岩体初始损伤张量 Ω_0 作为随机变量,参数见表 5.4,通过对 (K_{IC}^+, Ω_0^+)、(K_{IC}^+, Ω_0^-)、(K_{IC}^-, Ω_0^+) 和 (K_{IC}^-, Ω_0^-) 四种情况的开挖数值模拟,依据 Rosenblueth 原理,即可得出各开采阶段边坡岩体的损伤张量及损伤度的均值与标准差，从而建立起边坡岩体的三维概率损伤场[20]。模拟开采至 -195m 后，A 区和 B 区 -29m 水平和 +19m水平岩体损伤度 D 的均值、均值 ± 标准差曲线如图 6.11 ~ 图 6.14 所示。

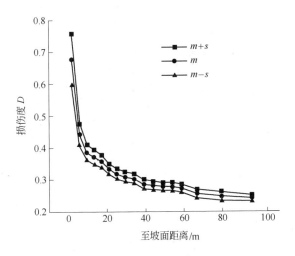

图 6.11 A 区 -29m 岩体 $\mu(D) \pm \sigma(D)$ 曲线

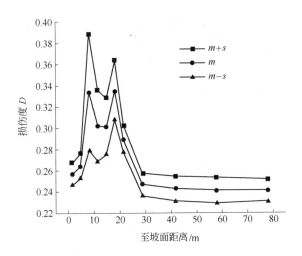

图 6.12 A 区 +19m 岩体 $\mu(D) \pm \sigma(D)$ 曲线

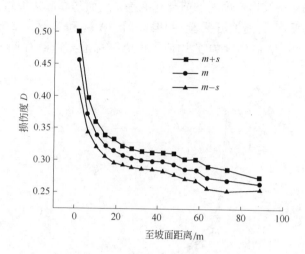

图 6.13　B 区 $-29\mathrm{m}$ 岩体 $\mu(D) \pm \sigma(D)$ 曲线

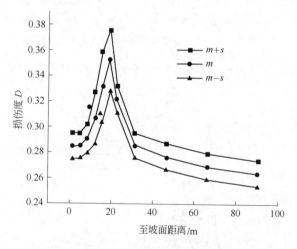

图 6.14　B 区 $+19\mathrm{m}$ 岩体 $\mu(D) \pm \sigma(D)$ 曲线

6.5　矿山边坡可靠性动态变化

　　鞍钢眼前山露天铁矿南帮 $+21\mathrm{m}$ 水平铁路运输平台的二维及三维可靠性动态评价采用 Monte-Carlo 方法，将初始损伤状态的岩体抗剪强度（C_0，$\tan\varphi_0$）、完整岩石抗剪强度（C_R，$\tan\varphi_R$）及各开采水平的边坡岩体损伤度 D 作为随机变量，岩体损伤度 D 的分布参数由FLAC3D 与损伤断裂耦合分析得到的三维随机损伤场插值得到。根据极限平衡法计算得出的安全系数 F 构造极限状态面 $Z = R/S - 1 = F - 1 = 0$，根据空间变异性理论进行分条强度的局部平均计算，相关距离参数在 A 区和 B 区分别为 3.3491m、5.7966m，极限平衡计算的二维分析采用 Bishop 法，三维分析采用陈祖煜等提出的三维极限平衡分析方法，通过对随机变量 2000 次抽样计算得出的安全系数进行统计分析，从而获得评价边坡可靠性的可靠性指标 β、破坏概率 P_f 和安全系数均值 μ_F、标准差 σ_F 等指标[21]。计算时矿山开采水平按 - 51m、- 99m、- 147m 和 - 195m 等四种情况进行分析，平台损失宽度 W 按 4m、8m、12m、16m、20m 和 24m 等六种情况分别进行计算，三维滑体长度取 150m。A 区和 B 区的二维可靠性计算分析结果见表 6.4、表 6.5 和图 6.15、图 6.16，三维可靠性计算分析结果见表 6.6、表 6.7 和图 6.17、图 6.18。

表 6.4　A 区二维可靠性计算结果

开挖水平 /m	指　标	+21m 铁路运输平台损失宽度/m					
		24	20	16	12	8	4
-195	安全系数均值	1.3804	1.3883	1.4194	1.4704	1.5518	1.6818
	安全系数标准差	0.1367	0.1317	0.1337	0.1352	0.1391	0.1511
	可靠性指标β	2.7819	2.9480	3.1368	3.4805	3.9657	4.5116
	破坏概率/%	0.2702	0.1599	0.0854	0.0250	0.0037	0.0003
-147	安全系数均值	1.4004	1.4184	1.4419	1.4976	1.6032	1.7413
	安全系数标准差	0.1416	0.1393	0.1388	0.1416	0.1477	0.1590
	可靠性指标β	2.8275	3.0044	3.1826	3.5143	4.0845	4.6623
	破坏概率/%	0.2346	0.1331	0.0730	0.0221	0.0022	0.0002
-99	安全系数均值	1.4084	1.4267	1.4652	1.5294	1.6284	1.7888
	安全系数标准差	0.1423	0.1404	0.1435	0.1477	0.1511	0.1637
	可靠性指标β	2.8694	3.0398	3.2425	3.5841	4.1582	4.8182
	破坏概率/%	0.2056	0.1184	0.0593	0.0169	0.0016	0.0001

续表6.4

开挖水平 /m	指　标	+21m 铁路运输平台损失宽度/m					
		24	20	16	12	8	4
-51	安全系数均值	1.4182	1.4331	1.4742	1.5484	1.6507	1.8096
	安全系数标准差	0.1425	0.1408	0.1432	0.1476	0.1498	0.1639
	可靠性指标β	2.9354	3.0759	3.3125	3.7153	4.3425	4.9381
	破坏概率/%	0.1666	0.1049	0.0462	0.0102	0.0007	4E-05

表6.5　B区二维可靠性计算结果

开挖水平 /m	指　标	+21m 铁路运输平台损失宽度/m					
		24	20	16	12	8	4
-195	安全系数均值	1.4404	1.4561	1.4919	1.5530	1.6420	1.7788
	安全系数标准差	0.1599	0.1614	0.1664	0.1726	0.1810	0.1926
	可靠性指标β	2.7539	2.8253	2.9557	3.2041	3.5472	4.0432
	破坏概率/%	0.2944	0.2362	0.1560	0.0677	0.0195	0.0026
-147	安全系数均值	1.4463	1.4570	1.5004	1.5560	1.6546	1.7983
	安全系数标准差	0.1593	0.1586	0.1678	0.1720	0.1812	0.1964
	可靠性指标β	2.8015	2.8810	2.9826	3.2322	3.6122	4.0641
	破坏概率/%	0.2543	0.1982	0.1429	0.0614	0.0152	0.0024
-99	安全系数均值	1.4476	1.4651	1.5004	1.5688	1.6599	1.8047
	安全系数标准差	0.1580	0.1594	0.1659	0.1737	0.1807	0.1967
	可靠性指标β	2.8322	2.9176	3.0154	3.2744	3.6511	4.0920
	破坏概率/%	0.2312	0.1764	0.1283	0.0530	0.0131	0.0021
-51	安全系数均值	1.4487	1.4687	1.5008	1.5690	1.6651	1.8073
	安全系数标准差	0.1565	0.1586	0.1632	0.1715	0.1800	0.1936
	可靠性指标β	2.8671	2.9557	3.0691	3.3186	3.6953	4.1700
	破坏概率/%	0.2071	0.1560	0.1074	0.0452	0.0110	0.0015

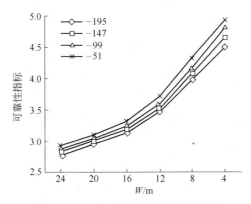

图 6.15　A 区二维可靠性计算结果图

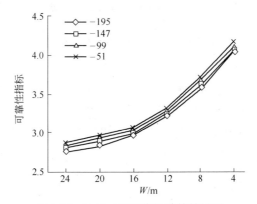

图 6.16　B 区二维可靠性计算结果图

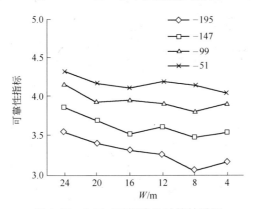

图 6.17　A 区三维可靠性计算结果图

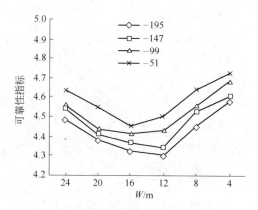

图 6.18 B区三维可靠性计算结果图

表 6.6 A 区三维可靠性计算结果

开挖水平/m	指标	+21m 铁路运输平台损失宽度/m					
		24	20	16	12	8	4
-195	安全系数均值	1.3947	1.3837	1.3511	1.3432	1.3478	1.3213
	安全系数标准差	0.1110	0.1125	0.1058	0.1051	0.1131	0.1011
	可靠性指标 β	3.5571	3.4122	3.3175	3.2662	3.0757	3.1774
	破坏概率/%	0.0187	0.0322	0.0454	0.0545	0.1050	0.0743
-147	安全系数均值	1.4461	1.4162	1.4087	1.4043	1.4015	1.3901
	安全系数标准差	0.1154	0.1120	0.1154	0.1115	0.1150	0.1099
	可靠性指标 β	3.8646	3.7149	3.5428	3.6257	3.4899	3.5482
	破坏概率/%	0.0056	0.0102	0.0198	0.0144	0.0242	0.0194
-99	安全系数均值	1.4761	1.4538	1.4502	1.4518	1.4339	1.4061
	安全系数标准差	0.1144	0.1147	0.1133	0.1153	0.1137	0.1041
	可靠性指标 β	4.1600	3.9549	3.9720	3.9189	3.8177	3.9003
	破坏概率/%	0.0016	0.0038	0.0036	0.0045	0.0067	0.0048
-51	安全系数均值	1.5074	1.4835	1.4825	1.4883	1.4672	1.4383
	安全系数标准差	0.1171	0.1154	0.1172	0.1164	0.1121	0.1082
	可靠性指标 β	4.3325	4.1899	4.1159	4.1934	4.1662	4.0517
	破坏概率/%	0.0007	0.0014	0.0019	0.0014	0.0015	0.0025

表 6.7　B 区三维可靠性计算结果表

开挖水平 /m	指　标	+21m 铁路运输平台损失宽度/m					
		24	20	16	12	8	4
-195	安全系数均值	1.6832	1.6441	1.6370	1.6561	1.6582	1.6931
	安全系数标准差	0.1523	0.1472	0.1474	0.1524	0.1477	0.1515
	可靠性指标 β	4.4869	4.3769	4.3228	4.3038	4.4564	4.5762
	破坏概率/%	0.0004	0.0006	0.0008	0.0008	0.0004	0.0002
-147	安全系数均值	1.6854	1.6510	1.6431	1.6618	1.6654	1.7005
	安全系数标准差	0.1509	0.1475	0.1472	0.1525	0.1472	0.1520
	可靠性指标 β	4.5412	4.4124	4.3691	4.3395	4.5214	4.6081
	破坏概率/%	0.0003	0.0005	0.0006	0.0007	0.0003	0.0002
-99	安全系数均值	1.6938	1.6563	1.6530	1.6663	1.6694	1.7072
	安全系数标准差	0.1524	0.1479	0.1480	0.1506	0.1471	0.1510
	可靠性指标 β	4.5526	4.4360	4.4123	4.4243	4.5503	4.6822
	破坏概率/%	0.0003	0.0005	0.0005	0.0005	0.0003	0.0001
-51	安全系数均值	1.7052	1.6670	1.6661	1.6805	1.6811	1.7169
	安全系数标准差	0.1522	0.1467	0.1496	0.1514	0.1467	0.1517
	可靠性指标 β	4.6348	4.5481	4.4512	4.4953	4.6415	4.7243
	破坏概率/%	0.0002	0.0003	0.0004	0.0003	0.0002	0.0001

　　鞍钢眼前山铁矿南帮 +21m 铁路运输平台边坡的可靠性计算结果表明，其可靠性亦呈现出随着矿山开采的逐步下延、岩体损伤的逐渐加剧而随之降低的动态变化规律，A 区和 B 区的二维可靠性与三维可靠性计算结果均显示出这一特点。开采至 -51m、-99m、-147m 和 -195m 水平时，A 区 +21 ~ -51m 边坡的二维可靠性分析计算的可靠性指标 β（平台损失宽度 4 ~ 24m 中的最小值）分别为 2.9354、2.8694、2.8275 和 2.7819，B 区为 2.8671、2.8322、2.8015 和 2.7539。同开采至 -51m 水平相比，A 区在开采至 -99m、-147m 和 -195m 水平时的可靠性指标 β 分别降低了 2.25%、3.68% 和 5.23%，B 区为 1.22%、2.29% 和 3.95%；对于三维可靠性的计算结果，A 区可靠性指标 β 分别为 4.0517、3.8177、3.4899 和 3.0757，

B 区为 4. 4512、4. 4123、4. 4123 和 4. 3038，A 区的降低值为 5. 78%、13. 87% 和 24. 09%，B 区为 0. 87%、0. 87% 和 3. 31%。

同稳定性分析结果一样，二维可靠性分析时最低的可靠性指标 β 对应于平台损失宽度 W 为 24m 时，而三维可靠性分析时对应的 W 较小，两者呈现不同的规律。

边坡工程可接受的风险水平是由破坏概率和破坏后果决定的，它反映决策者的风险态度，即承担的风险与可能得到的经济收益之间的权衡。Priest 和 Brown 采用 Monte - Carlo 模拟方法研究了秘鲁一露天矿边坡稳定性，并据其破坏概率提出了一组选择设计安全系数的准则。对于主要运输线路的边坡及其下部有矿山永久设备的边坡，可接受的破坏概率 $[P_f]$ = 0. 3%（可靠性指标 β 为 2. 33），因此眼前山露天铁矿开采至 -195m 时南帮 +21m 铁路运输平台的破坏风险是可以接受的。

6. 6　本章小结

（1）露天矿边坡岩体是含有大量空间上随机分布裂隙的三维损伤体，其损伤是一种概率损伤。应用 Rosenbluth 原理，通过岩体损伤演化的数值模拟分析，建立了露天矿不同开采阶段的边坡岩体的三维随机损伤场，为稳定性和可靠性的动态评价奠定了基础。

（2）考虑到现场试验的便携式要求，采用点荷载仪进行了眼前山铁矿南帮边坡岩体的试验研究，确定了 A 区和 B 区岩体的点荷载强度沿台阶的变化规律及分布参数。

（3）根据地质统计学原理，考虑岩体强度为具有随机性和结构性两重性的区域化变量，通过计算实验变差函数及理论变差函数，进行了岩体空间变异性的分析研究，为合理确定眼前山铁矿南帮 A 区和 B 区节理岩体初始损伤条件下的强度参数提供了理论和试验的基础支持。

（4）根据理论变差函数及相关函数的分析研究，岩体强度局部平均分析的方差衰减函数模型采用三角相关模型，其相关距离在 A 区、B 区分别为 3. 3491m、5. 7966m。

（5）随着矿山开采的逐步下延，岩体的损伤逐渐加剧，强度劣化，边坡的及可靠性指标亦呈现出随采场下延而逐步降低的动态变化规律，可靠性指标动态变化的数值大小与边坡结构、采矿方案密切相关。

（6）根据眼前山露天铁矿南帮边坡的岩体损伤演化及可靠性动态变化规律的研究结果，矿山开采结束时，南帮 +21m 铁路运输平台可以保持稳定，其破坏风险是可以接受的。

7 露井联采边坡岩体损伤与稳定

7.1 平朔矿区概况

平朔矿区于 2002 年开始由单一的露天开采转变为露井协调开采，率先在全国形成了以安太堡露天矿、安家岭露天矿、井工一矿和井工二矿为代表的露井协调开采格局。实践证明，平朔矿区自 2006 年全面实施露井协调开采战略以来，取得了显著的成绩，仅仅一年的时间，原煤产量由 5000 万吨急速增加至 2007 年的 7300 万吨，2010 年提前突破 1 亿吨。平朔矿区的成功经验可在国内许多类似条件的大型矿区如准格尔、伊敏河、霍林河等推广应用。

2006 年，安太堡露天矿南帮由于受到井工矿开采的影响，导致安太堡露天矿双环运输被迫中断，使得其岩土运距增加 2km；同时井工开采导致地表塌陷，使安太堡露天矿东南帮的 6 条坡道破坏被迫加固，不仅给安太堡露天矿生产带来了极大的被动，同时给安太堡露天矿造成了 1 亿元的经济损失。

2007 年，安家岭北帮由于存在风氧化煤等特殊地质条件，发生了较大范围滑坡，严重影响到井工矿边坡下大巷稳定及其露天矿坡道运输，造成直接经济损失 5000 万元。

2012 年，井工二矿 406 和 407 工作面在已经回采到界的前提下，回采下部 909 工作面。由于井采的二次扰动，同时因软弱层、断层等构造的存在，安家岭露天矿北帮 1280 和 1310 平盘沿弱面发生明显错动，一度使现场工作陷入被动局面，一旦发生滑坡，后果不堪设想。在中煤平朔公司的紧急组织下，经过煤炭科学研究总院、沈阳煤科院和西安设计院等多家单位的共同研究以及安家岭矿和井工二矿的紧密配合，最终才得以恢复生产。

7.1.1 安太堡露天矿

安太堡露天矿位于平朔矿区中部，东临正在建设的东露天矿田，南与井工二矿田和安家岭露天矿田毗邻，北为正在建设的安太堡三号井田，西接双碾合作区井田、井东井田和潘家窑合作区井田，其地理坐标为：东经 112°19′03″ ~ 112°24′17″，北纬 39°30′29″ ~ 39°35′26″，行政区划隶属朔州市平鲁区。

安太堡露天矿是 1980 年代我国与美国西方石油公司合资建设的中国第一个大型煤炭项目，于 1985 年开工建设，1987 年 9 月建成投产。1991 年外方撤出后并经股权收购，成为国有独资子公司，隶属中煤平朔集团有限责任公司管理。

安太堡露天矿设计规模 15.33 百万吨/年，自 1987 年投产以来，安太堡露天矿产量稳步增加，2007 年原煤产量达到 2160 万吨，创造历史最好水平；2011 年原煤产量为 2889 万吨，剥采比为 5.54m^3/t。

开采方式为露天分区开采。剥离采用单斗—卡车间断工艺，采煤采用单斗—卡车—端帮地表半固定破碎站—胶带输送机—选煤厂的半连续工艺。开拓方式采用多出入沟和端帮半固定坑线及工作面移动坑线、内排土场半固定道路相结合的方式。主采 4 号、9 号和 11 号 3 个煤层，开采标高为 1195 ~ 1500m。由于内排土场空间不足以容纳所有剥离物，须使用外部排土场，目前使用的外排土场主要为"阳圈排土场"和"南寺沟排土场"。

7.1.2 井工二矿

井工二矿是平朔煤炭工业公司发展节约型经济、提高资源回收实施的露井联合开采的第二个井工矿，井田位于安太堡、安家岭露天煤矿之间的露天不采区，井田面积 13.77km^2，保有地质储量 446.0Mt。工业场地位于安太堡露天Ⅰ、Ⅱ采区东部交界处的采空区内排土场上。矿井设计原煤生产能力 10.00 百万吨/年，2003 年 6 月开工建设，2006 年 2 月 15 日通过国家竣工验收，2006 年 2 月 22 日取得煤炭生产许可证并正式投入生产。井巷采用主、副、回风斜井开拓，大巷东西向布置、单翼开采。主采 4 号煤层和 9 号煤层，综合机械化放顶煤开采，全部垮落法管理顶板。4 号煤和 9 号煤工作面近似南北方向并列布置，开切眼位置位于安太堡露天矿南端帮下部，停采线和大巷位置位于安家岭露天矿北端帮下部，具体布置方式见图 7.1。

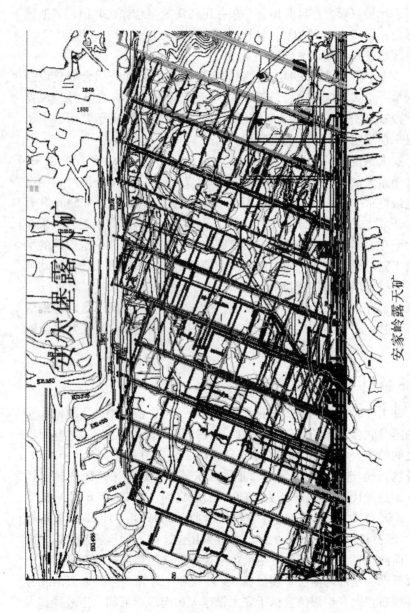

图 7.1　井工二矿与安太堡露天矿、安家岭露天矿相对位置关系

7.2 边坡工程地质调查

边坡工程地质调查的主要目的是查找边坡有无弱层出露，核实边坡角，调查边坡有无裂隙，排土场坡脚有无破坏。

7.2.1 弱层

在矿区南帮 1320～1340m 标高位置发现了弱层（图 7.2），产状

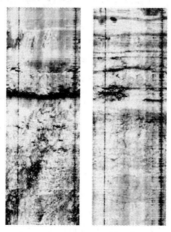

图 7.2　1320～1340m 标高位置弱层发育情况

为 165°~190°∠8°~12°，厚度为 3~5m，泥质结构；水平层理较明显，含水量较高，强度较低；上覆为极破碎砂岩，呈整合接触。作为典型弱层的泥岩，若含水量较低，其矿物成分使岩体胶结致密，强度较高，但强度会随着含水量的增加而急剧下降。由于上覆砂岩强烈破碎，降雨很容易通过裂隙进入弱层，加之泥岩的渗透系数很小，渗入其中的水不易疏干，弱层一直处于蠕变状态，极有可能诱发滑坡。

7.2.2　边坡坡面角

安太堡露天矿北帮：1330 平盘东侧部分黄土或碎石堆积台阶边坡角较大，达到 47°，局部存在片帮危险。

安太堡露天矿南帮：1360 平盘局部边坡角偏大，达到 80°左右。边坡局部崩塌现象时有发生（图 7.3），矿方正对 1405 和 1375 平盘西段的危险区段进行局部加固，边坡稳定性得到提高（图 7.4）。

内排土场：边坡形态较好，基本稳定。

7.2.3　裂缝调查

在安太堡露天矿坑南帮 1360 平盘东部，出现了宽约 10cm 的裂缝。裂缝位于破碎砂岩中，产状 5°∠85°，长度约 8m，轮廓线呈圆弧形。该裂隙主要是边坡受到的卸荷作用产生的拉张裂隙，此处易发生崩塌。

在北帮 1330 处发现了两条裂缝，两条裂缝均距坡顶 3~5m，裂隙宽度 8~12cm，裂隙长度 50~70m。此处台阶为碎石土堆积边坡，土质较松散，坡角约 46°；边坡稳定性较差，裂隙主要是受到边坡卸荷作用及爆破震动影响而形成的；裂隙有贯通的趋势，可能发生滑坡，如图 7.5 所示。

7.2.4　岩石节理裂隙调查

岩体中存在的不连续面与施工开挖形成不同规模的岩石块体，这些块体的失稳或垮落既破坏岩体的整体稳定性，也常常在施工及其后的工程运营过程中造成灾害。由于受到采空区、开挖面以及爆破等多

图 7.3 南端帮边坡局部崩塌垮落

重因素影响，岩体裂隙主要为剪节理，少量为张节理。节理裂隙主要分为 3 组，平均产状分别为 220°∠82°、129°∠84°和 91°∠9°；裂隙以陡倾角为主，密度为 1.5~3 条/m。由于节理裂隙的强烈切割，临空面上的块体垮落严重，岩体的完整性遭到了破坏，强度下降，对边坡的稳定性不利（图 7.6）。

图 7.4　南端帮边坡加固段

7.3　露井联采 FLAC 分析模型

安太堡煤矿露井联采平面图和 P1 剖面如图 7.7、图 7.8 所示，节理岩体损伤演化模拟分析的 FLAC 计算模型如图 7.9 所示。模拟开挖与应力场计算以 FLAC 3D 为基本平台，采用 Mohr-Coulumb 模型，岩石物理力学参数如表 7.1 所示。

图 7.5   安太堡北帮地表裂缝

图 7.6   岩体中的节理裂隙

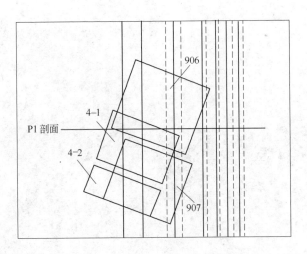

图 7.7 安太堡煤矿分析模型平面图

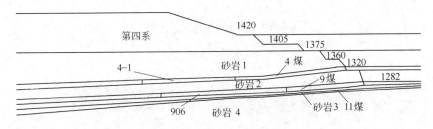

图 7.8 安太堡煤矿分析模型剖面图

表 7.1 岩石物理力学参数

岩 性	密度 /g·cm⁻³	体积模量 /GPa	剪切模量 /GPa	黏聚力 /kPa	内摩擦角 / (°)	抗拉强度 /kPa
第四系	1950	0.075	0.033	60	24.0	125
砂岩	2370	1.898	1.789	960	36.0	3890
煤层	1440	2.138	1.604	450	26.5	700
基岩	2520	3.013	2.260	1200	35.0	10000

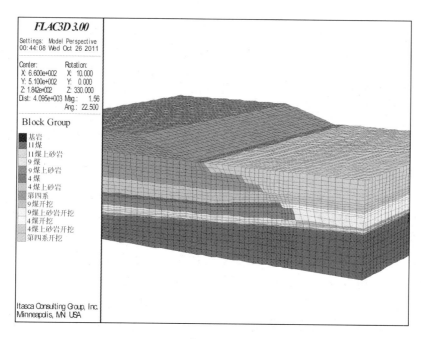

图 7.9 露井联采 FLAC3D 模型图

砂岩节理裂隙主要分为 3 组,平均产状分别为 $220°\angle 82°$、$129°\angle 84°$ 和 $91°\angle 9°$。裂隙以陡倾角为主,密度为 $1.5 \sim 3$ 条/m,面密度 0.8。产状与迹长的概率分布参数见表 7.2,初始损伤张量矩阵为:

$$\begin{bmatrix} 0.263 & -0.011 & -0.046 \\ -0.011 & 0.273 & -0.044 \\ -0.046 & -0.044 & 0.298 \end{bmatrix}$$

表 7.2 节理概率分布参数

组 别	参 数	均值	标准差	分布类型	数 量
1	倾向/(°)	220	15.5	正态分布	33%
	倾角/(°)	82	4.1	正态分布	
	迹长/m	2.26	0.82	对数正态	

组 别	参 数	均值	标准差	分布类型	数 量
2	倾向/(°)	129	10.9	正态分布	43%
	倾角/(°)	84	4.2	正态分布	
	迹长/m	2.23	1.01	对数正态	
3	倾向/(°)	91	9.0	正态分布	24%
	倾角/(°)	9	0.5	正态分布	
	迹长/m	2.72	4.16	对数正态	

　　露天开采按第四系（1375m 水平）、4 煤上砂岩（1320m 水平）、4 煤、9 煤上砂岩（1282m 水平）和 9 煤开采等五步进行模拟，井工开采按 4 煤 4-1、4-2 采区和 9 煤 906、907 采区等二步进行模拟，每步开挖后，根据 FLAC 计算得到的新的应力场，调用自编程序 ROCKSTAB 对每一单元逐条节理分析判断开裂及延展情况，计算新的单元损伤张量和额外等效节点力，并施加到 FLAC 单元节点上，这样即可得到不同开采阶段边坡岩体内各单元的损伤张量，亦即时空分布特征。

7.4 　节理岩体损伤与强度关联模型

　　Hoek、Brown 将 m、s 的确定和 Bieniawski 提出的岩体分类指标值 RMR 或地质强度指标 GSI 联系起来，考虑了完整岩石强度、RQD 指标、节理间距、节理条件、地下水条件和工程影响等诸多因素，比较全面地反映了岩体结构等特征对岩体强度的影响，是目前根据岩块力学参数获取岩体力学参数的最常用的经验方法：

　　（1）对于极破碎和完全扰动岩体：

$$m = \exp\left(\frac{RMR - 100}{14}\right)m_i \tag{7.1}$$

$$s = \exp\left(\frac{RMR - 100}{6}\right) \tag{7.2}$$

　　（2）对于极完整和未扰动岩体：

$$m = \exp\left(\frac{RMR - 100}{28}\right)m_i \tag{7.3}$$

$$s = \exp\left(\frac{\text{RMR} - 100}{9}\right) \qquad (7.4)$$

式中，m_i 为完整岩石的 m 值，可由三轴试验的结果确定。

Hoek-Brown 经验公式只考虑了未扰动岩体和扰动岩体两个极端情况，对介于未扰动和完全扰动状态之间的岩体，则未给出满意的结果。若按未扰动岩体处理，结果会导致岩体力学参数取值偏高；若按完全扰动岩体处理，又会导致岩体力学参数取值偏低。而后提出了如下的修正公式：

$$m = \exp\left[\frac{\text{RMR} - 100}{14(2 - D)}\right]m_i \qquad (7.5)$$

$$s = \exp\left(\frac{\text{RMR} - 100}{9 - 3D}\right) \qquad (7.6)$$

式中，D 为扰动参数。

扰动参数 D 为考虑到爆破破坏和应力松弛对节理岩体的扰动程度的系数，从非扰动岩体的 $D = 0$ 变化到扰动性很强的岩体的 $D = 1$。不难发现，$D = 0$ 时，岩体极完整，未受损伤影响，处于未扰动状态，此时式（7.5）和式（7.6）中的分母分别为 28 和 9，与极完整和未扰动岩体情况的式（7.3）和式（7.4）相同；而当 $D = 1$ 时，岩体极破碎，处于完全损伤状态，修正公式等同于极破碎和完全扰动岩体情况的式（7.1）和式（7.2）。这样便得到了两个极端情况之间的岩体强度。

爆破损伤与开挖卸荷损伤均为次生结构面的产生和延展，性质相同，仅大小差异而已。开挖的爆破震动作用和卸荷松弛作用会损伤或破坏一定深度范围内岩体及结构面，即产生一定范围的扰动区。

扰动区形成的内因是岩体为非连续的地质体，被各种结构面切割；外因是开挖引起的地应力松弛以及爆破震动，表现形式为岩块沿原有结构面的张裂和错动。岩体中结构面的力学特性发生本质的变化，结构面弱化了岩体质量，岩体完整性下降，进而弱化了岩体力学参数。

不难看出，扰动系数 D 实质上即是岩石损伤力学中的节理岩体几何损伤因子，如果用节理岩体的损伤张量 $\boldsymbol{\Omega}$ 代替扰动系数 D，并与前文所述的节理岩体损伤演化模拟分析相结合。这样不仅考虑岩体强度的各向异性得以实现，而且可以确定岩体强度在空间上的分布和伴随岩体开挖在时间上的变化。

对于法向矢量为 $\boldsymbol{n} = (\boldsymbol{n}_1, \boldsymbol{n}_2, \boldsymbol{n}_3)$ 的平面，其损伤因子 D（或称损伤度）通过点乘取模而得到：

$$D = \|\boldsymbol{n} \cdot \boldsymbol{\Omega}\|$$
$$= \sqrt{\begin{array}{l}(n_1\Omega_{11} + n_2\Omega_{21} + n_3\Omega_{31})^2 + (n_1\Omega_{12} + n_2\Omega_{22} + n_3\Omega_{32})^2 + \\ (n_1\Omega_{13} + n_2\Omega_{23} + n_3\Omega_{33})^2\end{array}}$$

$$(7.7)$$

众所周知，岩体强度是多种因素影响的一个综合指标，Hoek-Brown 强度准则的 m、s 参数确定与岩体分类指标值 RMR 或地质强度指标 GSI 相联系，正是体现了这一观点，比较全面地反映了岩体结构等特征对岩体强度的影响，因而成为获取岩体力学参数最常用的经验方法。Hoek-Brown 强度准则中主要考虑了节理间距的影响，而损伤张量则主要与节理的长度（或面积）即规模相关，两者虽有联系，但又是衡量节理分布的两个不同参数。引入损伤张量修正 Hoek-Brown 强度准则并不矛盾和重复，应是一个有意义的补充，具有一定的理论价值和实际意义，在一定程度上解决了岩体强度因开挖引起的空间、时间上的变化和各向异性问题。

7.5   露天开采与边坡岩体损伤

露天开采按第四系开采、4 煤上砂岩开采、4 煤开采、9 煤上砂岩开采、9 煤开采等五步进行模拟，模拟露天开采结束后，总体上看仅在岩质边坡坡面附近的小范围区域内产生了节理的延展和损伤加剧，在剖面上倾角为 0°、15°、30°、45°、60°、75°、90°（平面的倾向为边坡面倾向）时损伤度 D 的分布云图见图 7.10 ~ 图 7.16。在 1335m 水平作一测线，4 煤上砂岩岩体损伤度 D 演化曲线如图 7.17 ~ 图 7.23，其数据列于表 7.3 ~ 表 7.9。分析图表数据不难发现，露天开采对边坡岩体的损伤较小，4 煤开采后节理才开始出现延展破坏，但范围仅限于坡脚处的 30m 范围内，应与露天开采深度不大、总体边坡角相对较缓有关。由于岩体中发育的节理以陡倾为主,表现为大倾角平面的损伤度较大,75°平面达到 0.59,90°平面达到 0.659。

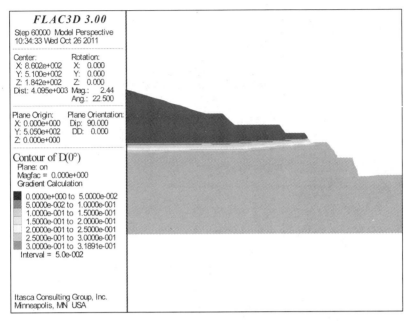

图 7.10 露采 9 煤后倾角 0°面损伤度 D 分布云图

表 7.3 4 煤上砂岩损伤度 D (倾角 0°) 数据

坡面距离 /m	4 煤上砂岩 露天开采	4 煤 露天开采	9 煤上砂岩 露天开采	9 煤 露天开采
5	0.298	0.302	0.309	0.309
10	0.298	0.302	0.309	0.309
15	0.298	0.302	0.307	0.307
20	0.298	0.298	0.301	0.301
25	0.298	0.298	0.301	0.301
30	0.298	0.298	0.299	0.299
35	0.298	0.298	0.298	0.298
40	0.298	0.298	0.298	0.298
45	0.298	0.298	0.298	0.298
50	0.298	0.298	0.298	0.298

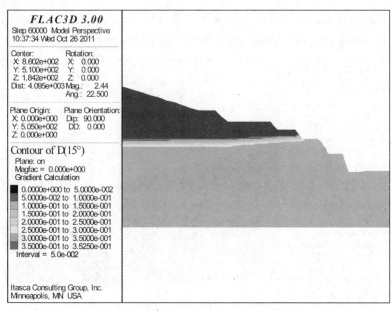

图 7.11　露采 9 煤后倾角 15°面损伤度 D 分布云图

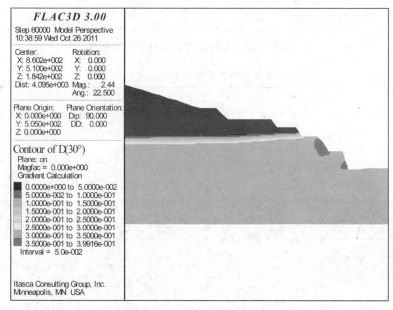

图 7.12　露采 9 煤后倾角 30°面损伤度 D 分布云图

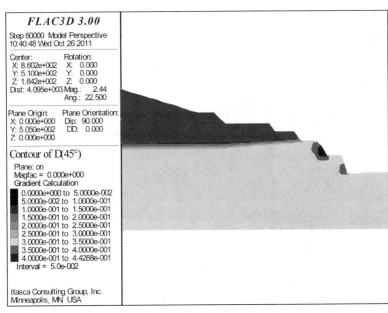

图 7.13 露采 9 煤后倾角 45°面损伤度 D 分布云图

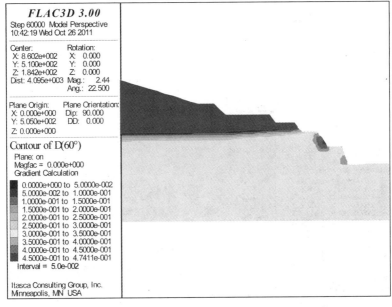

图 7.14 露采 9 煤后倾角 60°面损伤度 D 分布云图

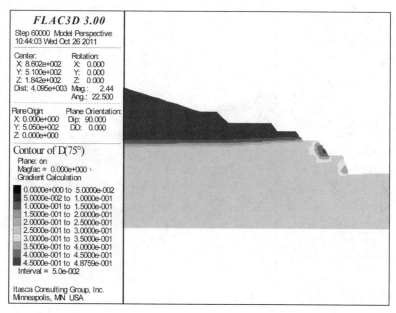

图 7.15　露采 9 煤后倾角 75°面损伤度 D 分布云图

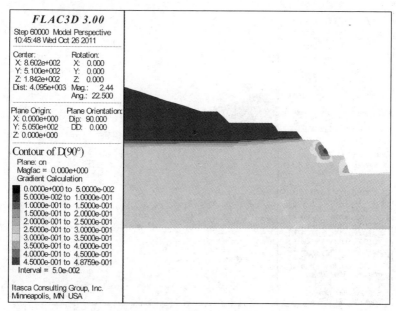

图 7.16　露采 9 煤后倾角 90°面损伤度 D 分布云图

表7.4　4煤上砂岩损伤度 D（倾角 15°）数据

坡面距离 /m	4 煤上砂岩 露天开采	4 煤 露天开采	9 煤上砂岩 露天开采	9 煤 露天开采
5	0.273	0.275	0.286	0.286
10	0.273	0.275	0.286	0.286
15	0.273	0.275	0.280	0.280
20	0.273	0.273	0.276	0.276
25	0.273	0.273	0.276	0.276
30	0.273	0.273	0.273	0.273
35	0.273	0.273	0.273	0.273
40	0.273	0.273	0.273	0.273
45	0.273	0.273	0.273	0.273
50	0.273	0.273	0.273	0.273

表7.5　4煤上砂岩损伤度 D（倾角 30°）数据

坡面距离 /m	4 煤上砂岩 露天开采	4 煤 露天开采	9 煤上砂岩 露天开采	9 煤 露天开采
5	0.250	0.269	0.315	0.315
10	0.250	0.269	0.315	0.315
15	0.250	0.269	0.291	0.291
20	0.250	0.250	0.271	0.271
25	0.250	0.250	0.271	0.271
30	0.250	0.250	0.255	0.255
35	0.250	0.250	0.250	0.250
40	0.250	0.250	0.250	0.250
45	0.250	0.250	0.250	0.250
50	0.250	0.250	0.250	0.250

表7.6 4煤上砂岩损伤度 D（倾角45°）数据

坡面距离 /m	4煤上砂岩 露天开采	4煤 露天开采	9煤上砂岩 露天开采	9煤 露天开采
5	0.235	0.285	0.388	0.398
10	0.235	0.285	0.388	0.398
15	0.235	0.284	0.337	0.337
20	0.235	0.235	0.288	0.288
25	0.235	0.235	0.288	0.288
30	0.235	0.235	0.247	0.247
35	0.235	0.235	0.235	0.235
40	0.235	0.235	0.235	0.235
45	0.235	0.235	0.235	0.235
50	0.235	0.235	0.235	0.235

表7.7 4煤上砂岩损伤度 D（倾角60°）数据

坡面距离 /m	4煤上砂岩 露天开采	4煤 露天开采	9煤上砂岩 露天开采	9煤 露天开采
5	0.232	0.319	0.485	0.495
10	0.232	0.319	0.485	0.495
15	0.232	0.317	0.406	0.406
20	0.232	0.232	0.323	0.323
25	0.232	0.232	0.323	0.323
30	0.232	0.232	0.252	0.252
35	0.232	0.232	0.232	0.232
40	0.232	0.232	0.232	0.232
45	0.232	0.232	0.232	0.232
50	0.232	0.232	0.232	0.232

表 7.8 4 煤上砂岩损伤度 D（倾角 75°）数据

坡面距离 /m	4 煤上砂岩 露天开采	4 煤 露天开采	9 煤上砂岩 露天开采	9 煤 露天开采
5	0.242	0.361	0.580	0.590
10	0.242	0.361	0.580	0.590
15	0.242	0.358	0.479	0.499
20	0.242	0.242	0.366	0.366
25	0.242	0.242	0.366	0.366
30	0.242	0.242	0.270	0.270
35	0.242	0.242	0.242	0.242
40	0.242	0.242	0.242	0.242
45	0.242	0.242	0.242	0.242
50	0.242	0.242	0.242	0.242

表 7.9 4 煤上砂岩损伤度 D（倾角 90°）数据

坡面距离 /m	4 煤上砂岩 露天开采	4 煤 露天开采	9 煤上砂岩 露天开采	9 煤 露天开采
5	0.263	0.401	0.649	0.659
10	0.263	0.401	0.649	0.659
15	0.263	0.397	0.537	0.547
20	0.263	0.263	0.406	0.406
25	0.263	0.263	0.406	0.406
30	0.263	0.263	0.294	0.294
35	0.263	0.263	0.263	0.263
40	0.263	0.263	0.263	0.263
45	0.263	0.263	0.263	0.263
50	0.263	0.263	0.263	0.263

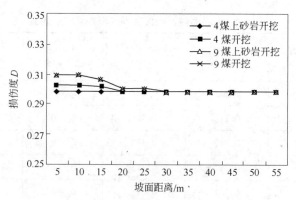

图 7.17　4 煤上砂岩损伤度 D（倾角 0°）分布曲线图

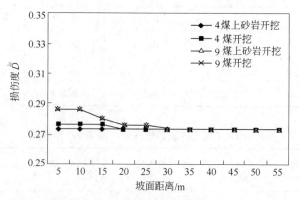

图 7.18　4 煤上砂岩损伤度 D（倾角 15°）分布曲线图

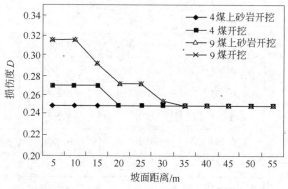

图 7.19　4 煤上砂岩损伤度 D（倾角 30°）分布曲线图

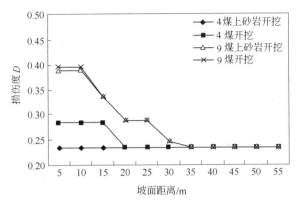

图 7.20 4 煤上砂岩损伤度 D（倾角 45°）分布曲线图

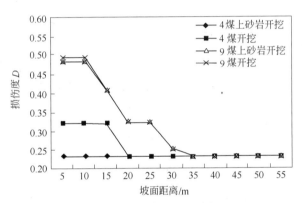

图 7.21 4 煤上砂岩损伤度 D（倾角 60°）分布曲线图

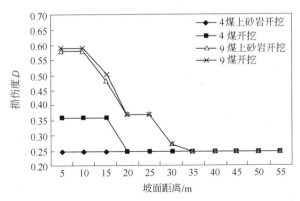

图 7.22 4 煤上砂岩损伤度 D（倾角 75°）分布曲线图

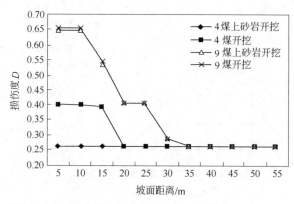

图 7.23　4 煤上砂岩损伤度 D（倾角 90°）分布曲线图

7.6　井工开采与边坡岩体损伤

图 7.24 ~ 图 7.28 给出了 4 煤和 9 煤井工开采后 60°方向的损伤

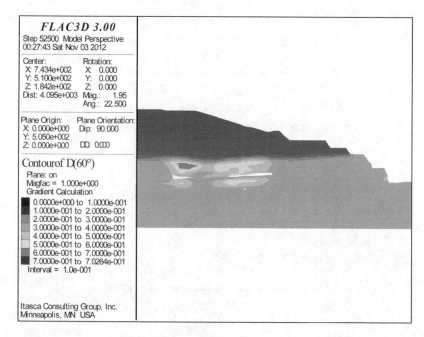

图 7.24·井采 4 煤后 60°方向的损伤度 D 分布云图

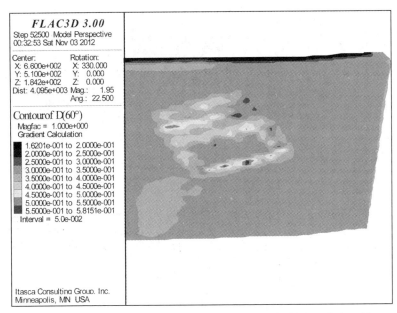

图 7.25　井采 4 煤后 4 煤上砂岩底面 60°方向的损伤度 D 分布云图

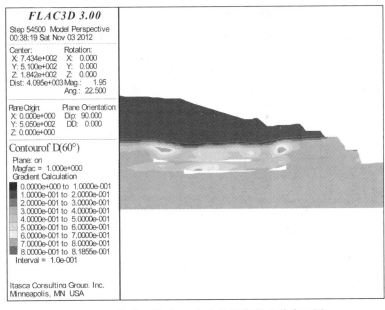

图 7.26　井采 9 煤后 60°方向的损伤度 D 分布云图

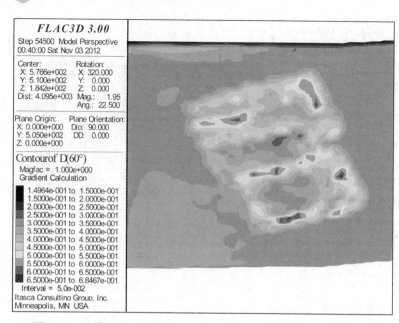

图 7.27　井采 9 煤后 4 煤上砂岩底面 60°方向的损伤度 D 分布云图

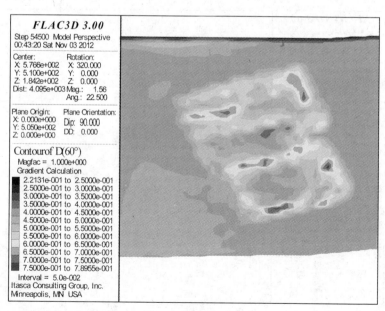

图 7.28　井采 9 煤后 9 煤上砂岩底面 60°方向的损伤度 D 分布云图

度 D 分布云图，可以得出以下规律：井工开采对边坡面附近岩体影响较小，损伤几乎没有增加；采空区的坍塌主要影响其上部岩体，尤其是对空区边角处的损伤度影响较大，达到 $0.5 \sim 0.8$；而空区正上方岩体由于坍塌过程中应力迁移的 FLAC 模拟方式并未表现出损伤度大幅增加的现象，实际应用中可认为冒落带内岩体达到完全损伤状态，损伤度为 1.0。

7.7 露井联采岩体损伤与强度

通过前述的第四系开采、4 煤上砂岩开采、4 煤开采、9 煤上砂岩开采、9 煤开采等五步露天开采模拟，以及 4 煤和 9 煤两步井工开采模拟分析，便计算得到了边坡岩体内各点在不同开挖时步的损伤张量；进而根据式（7.5）~ 式（7.7）可确定各点任意方向的 Hoek-Brown 强度参数 m 与 S，确定了岩体的各向异性强度参数以及与空间、时间的关联，用于边坡岩体的极限平衡分析。4 煤上砂岩 1335 水平岩体 Hoek-Brown 强度参数 m、s（倾角 $60°$）的分布见表 7.10、表 7.11 及图 7.29、图 7.30。

表 7.10 4 煤上砂岩强度参数 m（倾角 $60°$）数据

坡面距离 /m	4 煤上砂岩 露天开采	4 煤 露天开采	9 煤上砂岩 露天开采	9 煤 露天开采
5	4.697434	4.312089	3.562841	3.517374
10	4.697434	4.312089	3.562841	3.517374
15	4.697434	4.321172	3.919972	3.919972
20	4.697434	4.697434	4.292801	4.292801
25	4.697434	4.697434	4.292801	4.292801
30	4.697434	4.697434	4.608009	4.608009
35	4.697434	4.697434	4.697434	4.697434
40	4.697434	4.697434	4.697434	4.697434
45	4.697434	4.697434	4.697434	4.697434
50	4.697434	4.697434	4.697434	4.697434

表 7.11   4 煤上砂岩强度参数 s（倾角 60°）数据

坡面距离 /m	4 煤上砂岩 露天开采	4 煤 露天开采	9 煤上砂岩 露天开采	9 煤 露天开采
5	0.007172	0.006112	0.004366	0.004272
10	0.007172	0.006112	0.004366	0.004272
15	0.007172	0.006135	0.005149	0.005149
20	0.007172	0.007172	0.006062	0.006062
25	0.007172	0.007172	0.006062	0.006062
30	0.007172	0.007172	0.006915	0.006915
35	0.007172	0.007172	0.007172	0.007172
40	0.007172	0.007172	0.007172	0.007172
45	0.007172	0.007172	0.007172	0.007172
50	0.007172	0.007172	0.007172	0.007172

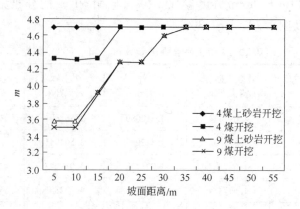

图 7.29   4 煤上砂岩强度参数 m（倾角 60°）曲线图

7.8   采动损伤与极限平衡分析

极限平衡法分析采用简布法（Janbu 法），单纯形法寻优，破坏模式为圆弧与沿 9 煤直线滑动的复合形式；第四系堆积土、4 煤和 9 煤采用 Mohr-Coulumb 强度理论，砂岩采用 Hoek-Brown 强度理论，其

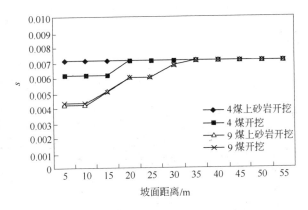

图 7.30 4 煤上砂岩强度参数 s（倾角 60°）曲线图

参数 m、s 的确定方法是由滑弧条块的底面倾角和损伤张量确定损伤度，然后根据 RMR 计算；4 煤、9 煤开采后形成的冒落区其损伤度按 $D = 1$ 确定。滑弧顶部出露的平台水平假定为 1495m、1430m、1405m、1385m 和 1365m 等五种情况，其计算结果见表 7.12 和图 7.31。以滑弧顶部出露在 1430m 水平为例，表 7.13 列出了滑弧穿过砂岩时的底面倾角、损伤度、m、s、C、φ 等参数。C、φ 值系按条块底面的 σ_3 大小换算而得，强度的变化体现了各向异性和随空间、时间（损伤张量与开挖水平相关）的变化。边坡的安全系数为 1.89～2.32，说明发生剪切破坏的可能性较小，边坡的破坏主要是由井工开采的空区坍塌引起的。

表 7.12　极限平衡计算结果

滑弧编号	滑弧出露水平/m	滑弧圆弧段长度/m	滑弧直线段长度/m	安全系数
PS - 01	1495	370.3	301.4	2.06
PS - 02	1430	220.8	200.9	2.32
PS - 03	1405	182.6	110.2	2.04
PS - 04	1385	140.6	65.9	1.89
PS - 05	1365	105.1	33.4	1.95

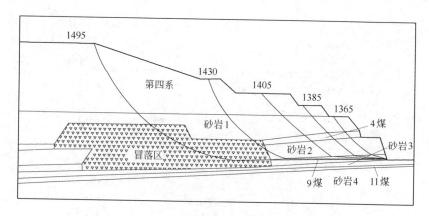

图 7.31　9 煤井采后稳定性计算结果

表 7.13　滑弧穿过砂岩时条块强度参数

条块编号	底面倾角 /(°)	损伤度 D	m	S	C/kPa	φ/(°)
10	45.88	0.353	0.4919	1.48E-04	311.6	36.98
11	44.19	0.356	0.4901	1.47E-04	328.6	36.25
12	42.74	0.885	0.1155	1.61E-05	208.9	23.90
13	41.31	0.900	0.1086	1.49E-05	212.8	22.95
14	39.92	1.000	0.0691	8.57E-06	186.6	19.35
15	38.55	1.000	0.0691	8.57E-06	192.7	19.00
16	37.21	1.000	0.0691	8.57E-06	198.4	18.68
17	35.90	1.000	0.0691	8.57E-06	203.5	18.68
18	34.60	1.000	0.0691	8.57E-06	208.7	18.14
19	33.33	1.000	0.0691	8.57E-06	213.4	17.91
20	32.07	1.000	0.0691	8.57E-06	217.8	17.70
21	30.83	1.000	0.0691	8.57E-06	219.3	17.63
22	29.61	1.000	0.0691	8.57E-06	220.4	17.58
23	28.40	1.000	0.0691	8.57E-06	223.9	17.41
24	27.20	0.378	0.4697	1.36E-04	455.0	31.53

条块编号	底面倾角 /(°)	损伤度 D	m	S	C/kPa	φ/(°)
25	26.02	0.375	0.4723	1.38E-04	462.8	31.38
26	24.85	0.376	0.4714	1.37E-04	469.0	31.19
27	23.69	0.377	0.4709	1.37E-04	474.9	31.02
28	22.54	0.378	0.4700	1.37E-04	480.4	30.85
29	21.40	0.379	0.4692	1.36E-04	485.4	30.70
30	20.27	0.380	0.4681	1.36E-04	489.9	30.55

7.9　本章小结

（1）高陡节理岩体边坡特别是矿山边坡，采动卸荷效应明显，开挖爆破震动较大，必然引起坡面附近岩体的进一步损伤，且随采深增加而增加。极限平衡分析时，采用与损伤相关联的强度参数取代按岩性选用均一强度的方法，体现了强度的各向异性和随空间、时间的变化关系，是符合客观实际的。

（2）以 FLAC3D 为基础平台，综合应用损伤力学的有效应力原理、断裂力学理论和三维节理网络模拟技术，建立了三维节理岩体损伤演化的耦合分析模型及应用程序，分析参数为完整岩石和节理的变形与强度指标，可通过室内实验和现场测试获得。

（3）安太堡煤矿露井联采边坡的安全系数为 1.89～2.32，说明发生剪切破坏的可能性较小，边坡的破坏主要是由井工开采的空区坍塌引起的。

参 考 文 献

[1] 王家臣，常来山，夏成华，等．露天矿节理岩体边坡稳定研究［J］．岩石力学与工程学报，2005，24（18）：3350~3354.

[2] 孙玉科．中国露天矿边坡稳定研究［M］．北京：中国科学技术出版社，1999.

[3] 赵奎，蔡美峰．模糊 C 均值聚类算法在结构面组识别中的应用［J］．金属矿山，2002，1：13~15.

[4] 许传华，朱绳武，房定旺．边坡稳定性的 ISODATA 模糊聚类分析［J］．金属矿山，2000，12：24~26.

[5] 常来山，王家臣，陈亚军，等．鞍钢眼前山铁矿南帮边坡节理聚类与概化模型研究［J］．金属矿山，2004，338（8）：16~18.

[6] Kyoya T., Ichikawa Y., Kawamoto T. A. damage Mechanics Analysis for Underground Excavation in Joint Rock Masses［J］. Proc. of Int. Symp. On Engineering in Complex Formations, Beijing, 1986：506~512.

[7] 汪小刚，贾志欣，陈祖煜．岩石结构面网络模拟原理在节理岩体连通率研究中的应用［J］．水利水电技术，1998，10：43~47.

[8] 王家臣，常来山，陈亚军，等．露天矿节理岩体三维网络模拟与概率损伤分析［J］．北京科技大学学报，2005，1：1~4.

[9] Kachanov M. A Microcrack Model of Rock Inelasticity. Part 1：Frictional Sliding on Microcracks［J］. Mechanics of Material, 1982, 1：19~27.

[10] Kachanov M. A Microcrack Model of Rock Inelasticity. Part 2：Propagation of Microcracks［J］. Mechanics of Material, 1982, 1：29~41.

[11] Ashby M. F., Hallam S. D. The Failure of Brittle Solides Containing Small Cracks under Compressive Stress States［J］. Acta. Metall., Vol. 34, No. 3, 1986.

[12] Fairhurst C., Cood N. G. W. The Phenomenon of Rock Splitting Parallel to the Direction of Maximum Compression in the Neighborhood of a Surface［J］. In：Muller L ed., Proc. Of 1st Cong. Of Rock Mech. Rotterdam；A. A. Balkema, 1986.

[13] Kemeny J., Cook N. G. W. Effective Moduli, Non－linear Deformation and Strength of a Cracked Elastic Solid［J］. Int. J. Rock Mech.. Sci. & Geomech. Abstr., Vol. 23, No. 2, 1986.

[14] Kemeny J., Cook N. G. W. Effective Moduli, Non－linear Deformation and Strength of a Cracked Elastic Solid［J］. Int. J. Rock Mech. Min. Sci. & Deomech. Abstr., Vol. 23, No. 2, 1986.

[15] 常来山，王家臣，李慧茹，等．节理岩体边坡损伤力学与 FLAC3D 耦合分析研究［J］．金属矿山，2004，339（9）：16~18.

[16] Lam L., Fredlund D. G. A General Limit Equilibrium Model for Three－dimensional Slope

Stability Analysis [J]. Canadian Geotechnical Journal, 1993, 30: 905 ~ 919.

[17] 陈祖煜. 土质边坡稳定分析——原理·方法·程序 [M]. 北京：中国水利水电出版社, 2003.

[18] 常来山. 眼前山露天矿边坡岩体损伤规律研究 [J]. 金属矿山, 2007, 371 (5): 59 ~ 61.

[19] 王家臣. 边坡工程随机分析原理 [M]. 北京：煤炭工业出版社, 1996.

[20] 王家臣, 常来山, 陈亚军. 节理岩体边坡概率损伤演化规律研究 [J]. 岩石力学与工程学报, 2006, 25 (7): 1396 ~ 1401.

[21] 孟达, 常来山. 露天矿边坡损伤与可靠性变化规律的数值分析 [J]. 辽宁工程技术大学学报, 2007, 26 (4): 538 ~ 540.

冶金工业出版社部分图书推荐

书　名	作　者	定价(元)
中国冶金百科全书·采矿卷	编委会　编	180.00
现代金属矿床开采科学技术	古德生　等著	260.00
采矿工程师手册(上、下册)	于润沧　主编	395.00
我国金属矿山安全与环境科技发展前瞻研究	古德生　等著	45.00
露天转地下开采围岩稳定与安全防灾	南世卿　等	36.00
露天矿深部开采运输系统实践与研究	邵安林　等	25.00
地质学(第4版)(国规教材)	徐九华　主编	40.00
采矿学(第2版)(国规教材)	王　青　主编	58.00
矿产资源开发利用与规划(本科教材)	邢立亭　等编	40.00
矿山安全工程(国规教材)	陈宝智　主编	30.00
矿山岩石力学(本科教材)	李俊平　主编	49.00
高等硬岩采矿学(第2版)(本科教材)	杨　鹏　编著	32.00
金属矿床露天开采(本科教材)	陈晓青　主编	28.00
露天矿边坡稳定分析与控制(卓越工程师配套教材)	常来山　等编	30.00
地下矿围岩压力分析与控制(卓越工程师配套教材)	杨宇江　等编	30.00
现代充填理论与技术(本科教材)	蔡嗣经　主编	26.00
矿产资源综合利用(高校教材)	张　佶　主编	30.00
矿井通风与除尘(本科教材)	浑宝炬　等编	25.00
冶金企业环境保护(本科教材)	马红周　等编	23.00
矿冶概论(本科教材)	郭连军　主编	29.00
金属矿山环境保护与安全(高职高专教材)	孙文武　主编	35.00
金属矿床开采(高职高专教材)	刘念苏　主编	53.00
岩石力学(高职高专教材)	杨建中　等编	26.00
矿井通风与防尘(高职高专教材)	陈国山　主编	25.00
矿山企业管理(高职高专教材)	戚文革　等编	28.00
矿山地质(高职高专教材)	刘兴科　主编	39.00
矿山爆破(高职高专教材)	张敢生　主编	29.00
采掘机械(高职高专教材)	苑忠国　主编	38.00
矿山提升与运输(高职高专教材)	陈国山　主编	39.00